Dirk Krutke

Haus technik einfach skizziert

Basiswissen Architektur

avedition

Inhalt

01 Versorgung

Infrastruktur 10
Hausanschluss auf dem Grundstück 12
Hausanschluss im Gebäude 14
Halbzeug 16
Gefälle 18
Hebeanlage 20
Rückschlagklappe 22
Abwasserdruckanlagen 24
Haustechnikräume 26
Frischwasser / Trinkwasser 28
Gas 30
Abwasser 32
Sammelgrube 34
Kleinkläranlage 36
Grauwassernutzung 38
Regenwasser 40
Regenwassernutzung 42

02 Installation

Schachtbemessung 46
Horizontalverteilung Wohnungsbau 48
Horizontalverteilung Nichtwohnungsbau 50
Rohrlüftung 52
Verbraucher und Mengen 54
Hinter der Vorwand 56
Durchlauferhitzer 58
Frischwasserstation 60
Wärmerückgewinnung 62
Elektroinstallation 64
Schutzzonen 66
Installationszonen 68
Planzeichen 70
Blitzschutz 72

03 Strom nachhaltig

Photovoltaik 76
Siliziumsolarzellen 78
Organische Solarzellen 80
Farbstoffsolarzellen 82
Hybride Solarmodule 84
Windkraft 86
Aufwind 88
Windkraft ohne Turbine 90

Haus
technik

Wasserkraft 92
Batteriespeicher 94
Mechanische Speicher 96
Speicher Wasserstoff 98
Wechselrichter und Steuerung 100
Systeme 102

04 Licht

Anforderungen 106
Wohnungsbau 108
Nichtwohnungsbau 110
Lichtfarbe und Wirkung 112
Funktionslicht 114

05 Vertikaler Transport

Paternoster 118
Seilaufzug 120
Hydraulikaufzug 122
Andere Antriebsarten 124
Fahrtreppen/-steige/-bänder 126

06 Lüftungs-anlagen

Luftqualitäten 130
hx-Diagramm 132
Ventilatoren 134
Filter und Schalldämpfer 136
Kühl- und Heizregister 138
Wärmerückgewinnung 140
Wäscher oder Luftbefeuchter 142
Platzbedarf 144
Ein- und Auslässe 146
Anlagenkonzepte 148
Kühllast 150

07 Anhang

Formelzeichen und Einheiten 153
Flächen in der Architektur 153
Griechische Buchstaben 153
Thermodynamik light 154
Volumenberechnung 156
Normen 157
Index 158
Autor, Impressum 159
Bereits in dieser Reihe erschienen 160

Vorwort

Dieses Buch richtet sich an interessierte Laien sowie entwerfende Planerinnen und Planer. Schon wie das vorangegangene Buch „Bauklimatik" ist auch dieses als Arbeitshilfe im Entwurfsprozess oder niederschwelliger Einstieg in das Grundverständnis von haustechnischen Fragen zu verstehen. Daher wird kein Anspruch auf Vollständigkeit oder wissenschaftliche Tiefe erhoben. Stattdessen wird an manchen Stellen bewusst mit Vereinfachungen oder für den Spezialisten gewiss oberflächlichen Definitionen oder Nachweisen gearbeitet.

Der Verfasser dieses Buches hat in seiner Zeit als Dozent für Energie und Technik für Architekten immer wieder bemerkt, dass die einschlägige Fachliteratur für Studierende der Architektur zu kompliziert und zu umfangreich ist. Sie sind in der Kürze der Zeit ihres Studiums nicht in der Lage, aus diesen Büchern die relevanten Grundkenntnisse zu destillieren. Darum fällt es den Studierenden schwer, zu grundlegenden Erkenntnissen oder einem Grundverständnis zu gelangen, das sie später im Berufsleben als Fundament in der Konzeption und im Entwurf anwenden können.

Der Architekt oder die Architektin müssen in der sogenannten Integrationsplanung die anderen Planenden stets verstehen und auch prüfen können. Weiterhin kann der Architekt oder Architektin durch frühzeitige Berücksichtigung der Bedürfnisse der Haustechnik späteren Kollisionen und Umplanung vorbeugen. Daher ist das Grundverständnis für die Zusammenhänge und Relevanz der technischen Gebäudeausrüstung essenziell für eine nachhaltige Planung. Zusammen mit der „Bauklimatik" bieten beide Bücher aus meiner Sicht das notwendige Wissen, um vollumfänglich die gebäudetechnischen, energetischen und klimatischen Fragen bereits früh im Entwurfsprozess berücksichtigen zu können.

FÜR EIN ARBEITEN
IM TEAM MUSS MAN DIE
SPRACHE UND DAS WERTESYSTEM
DES ANDEREN ERLERNEN
UND MUSS DIESE WERTE AUCH
ANERKENNEN.

Werner Sobek, Skizzen für die Zukunft,
www.youtube.com/watch?v=VmC0aqnw2sE

01

Ver-
sorgung

Infrastruktur

Unsere Gebäude benötigen, um in unserem heutigen Sinn zu funktionieren, einige technische Verbindungen mit ihrer Außenwelt. Voraussetzung für die heute als Standard geltenden Funktionen eines Gebäudes ist eine Versorgung mit Wasser, Strom und Daten sowie deren Entsorgung. Ausnahmen bilden Gebäude auf dem Land oder im Außengebiet. Solche Gebäude werden auch heute noch häufig autark ver- und entsorgt.

Bereits nach dem Baugesetzbuch wird für die Zulässigkeit eines Bauvorhabens die gesicherte Erschließung gefordert. Diese ist nachzuweisen über den Zugang zum öffentlichen Straßenland und die Möglichkeit, das Grundstück und seine Gebäude entweder an öffentliche Ver- und Entsorgungsnetze anschließen zu können oder über eigene Systeme zu ver- und entsorgen.

Zu diesem Zweck sind im Gegenzug die Städte, Gemeinden und Kommunen aber auch verpflichtet, diese Netze den als Baugrundstück ausgewiesenen Liegenschaften zur Verfügung zu stellen. Sprich, die öffentliche Hand muss solche Leitungsnetze, für gewöhnlich im öffentlichen Straßenland, bauen.

Damit wir Planerinnen und Planer aber nun wissen, welche Medien wo und vor allem in welcher Höhe im Straßenland vorhanden sind, benötigen wir Leitungspläne der Grundversorger. Und damit wir unsere Anschlüsse an die Netze planen können, müssen wir diese Pläne lesen und verstehen können.

In einem Leitungsplan finden wir verschiedene Angaben, insbesondere zu Rohrdurchmessern und zu Höhenlagen der Leitungen. Diese verraten uns, wie und wo wir unser Projekt an das Netz anschließen können.

TRENNKANALISATION

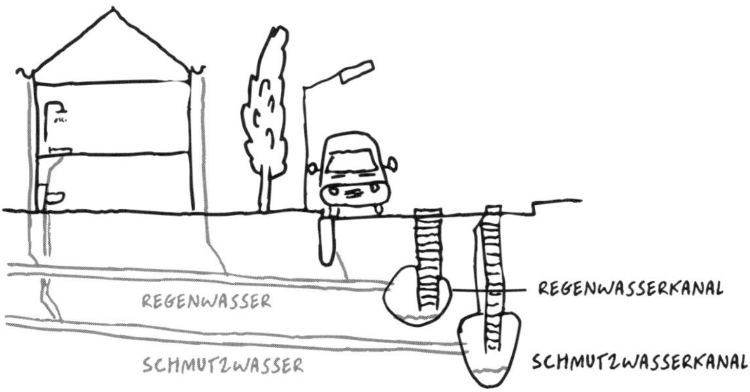

MISCHKANALISATION

Hausanschluss auf dem Grundstück

Immer häufiger, wenn das Baugrundstück es ermöglicht, werden sogenannte Übergaben nicht mehr im Gebäude, sondern auf dem Grundstück abgewickelt. Dazu muss dort an geeigneten Orten, in der Regel zwischen öffentlichem Land und dem Gebäude, ausreichend Platz vorhanden sein. Je nach Medium sehen solche Hausanschlüsse außerhalb des Gebäudes verschieden aus.

Elektroübergaben werden meist mittels kleiner Standsäulen realisiert. Diese sehen aus wie verkleinerte Versionen von Stromverteilerkästen im öffentlichen Raum. In diesen befinden sich eine Hauptsicherung sowie eine Möglichkeit, die Stromleitung des Bauherrn anzuschließen. Auch ein Zählerplatz ist hier möglich.

Frischwasseranschlüsse werden in unterirdischen Übergabeschächten gebaut. Dabei müssen die Schächte bis in die frostfreie Tiefe des Bodens reichen, um ein Einfrieren der Leitungen zu verhindern. In diesen Schächten werden ein Anschluss sowie die Wasseruhr durch den Versorger bereitgestellt.

Abwasseranschlüsse werden ebenfalls in Übergabeschächten hergestellt. Hier allerdings wird die Anschluss- und damit Schachttiefe von der Anschlusshöhe der Abwasserleitung im öffentlichen Land vorgegeben. Abwasser fließt der Schwerkraft folgend immer entlang des Rohrgefälles nach unten. Somit muss der Anschluss des Gebäudes immer höher liegen als der Anschluss an das Kanalsystem.

Die genaue Ausführung von Übergabeschächten ist abhängig von den Angaben des jeweiligen Versorgers, der häufig je nach Bundesland ein anderer ist.

Ein Vorteil dieser Variante der Hausanschlüsse ist, dass die Eigentumsverhältnisse der Installationen bei Gebäuden, die weit vom öffentlichen Land entfernt stehen, sich früher ändern. Das wirkt sich auch auf die Kosten aus, da in der Regel die Installateure auf Bauherrenseite günstiger sind als jene, die für die öffentliche Hand arbeiten.

STROM

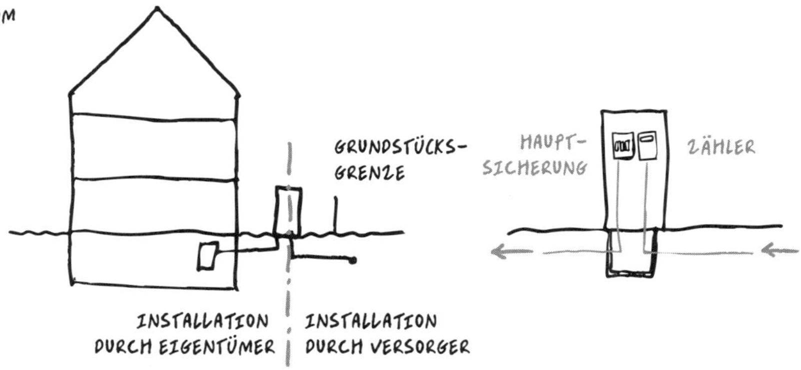

FRISCHWASSER

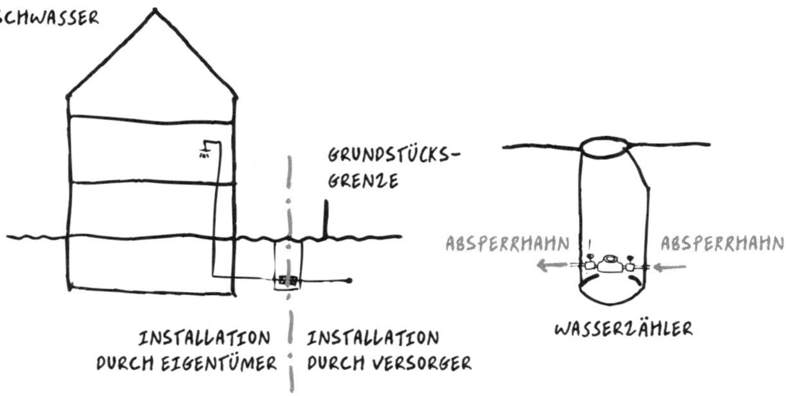

ABWASSER

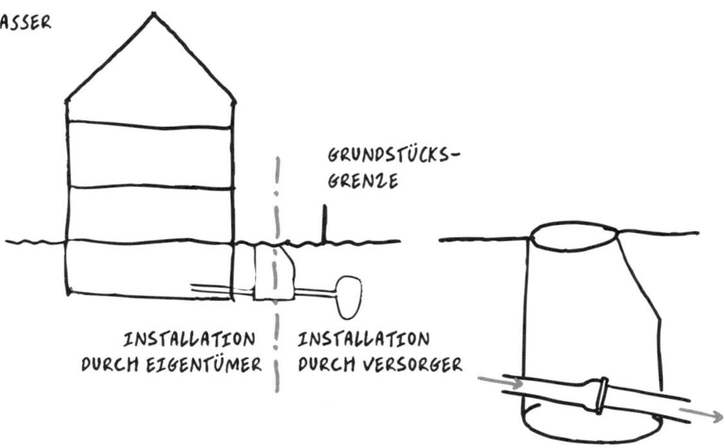

Hausanschluss im Gebäude

Gerade in Städten sind Hausanschlüsse nur innerhalb des Gebäudes möglich. Dies liegt schon allein daran, dass die Gebäude in der Regel direkt an die Grundstücksgrenzen gebaut werden. Somit steht auf dem Grundstück kein Platz für den Bau von Übergabeschächten zur Verfügung.

In diesem Fall müssen Eigentümer, und damit auch die Planenden, geeignete Räumlichkeiten in ihrem Gebäude zur Verfügung stellen, in denen die Versorger ihre Übergaben einbauen können.

Grundsätzlich gilt in diesem Fall, dass sämtliche Einbauten, die sich vor der Absperrvorrichtung oder dem Zähler befinden, im Besitz des Versorgers bleiben. Alle Leitungen und technischen Einrichtungen nach dem Zähler oder Absperrhahn gehören den Eigentümern des Gebäudes.

Auch hier hat jeder Versorger eigene Vorgaben, wie deren Anschlüsse eingebaut werden dürfen, welche Abstände es einzuhalten gilt und sogar mit welchen Bogendurchmessern deren Leitungen geführt werden dürfen.

Dennoch lassen sich ein paar Grundregeln aufstellen, mit denen man nicht mehr viel falsch machen kann. So installieren wir zum Beispiel Frischwasser nicht über dem Stromanschluss. Wir lassen genügend Arbeitsraum für die Handwerker. Dieser dient der Bewegungsfreiheit und dem Schutz des Handwerkers.

Ungern werden in Gebäuden jenseits des Einfamilienhauses Strom- und Wasseranschlüsse im selben Raum realisiert.

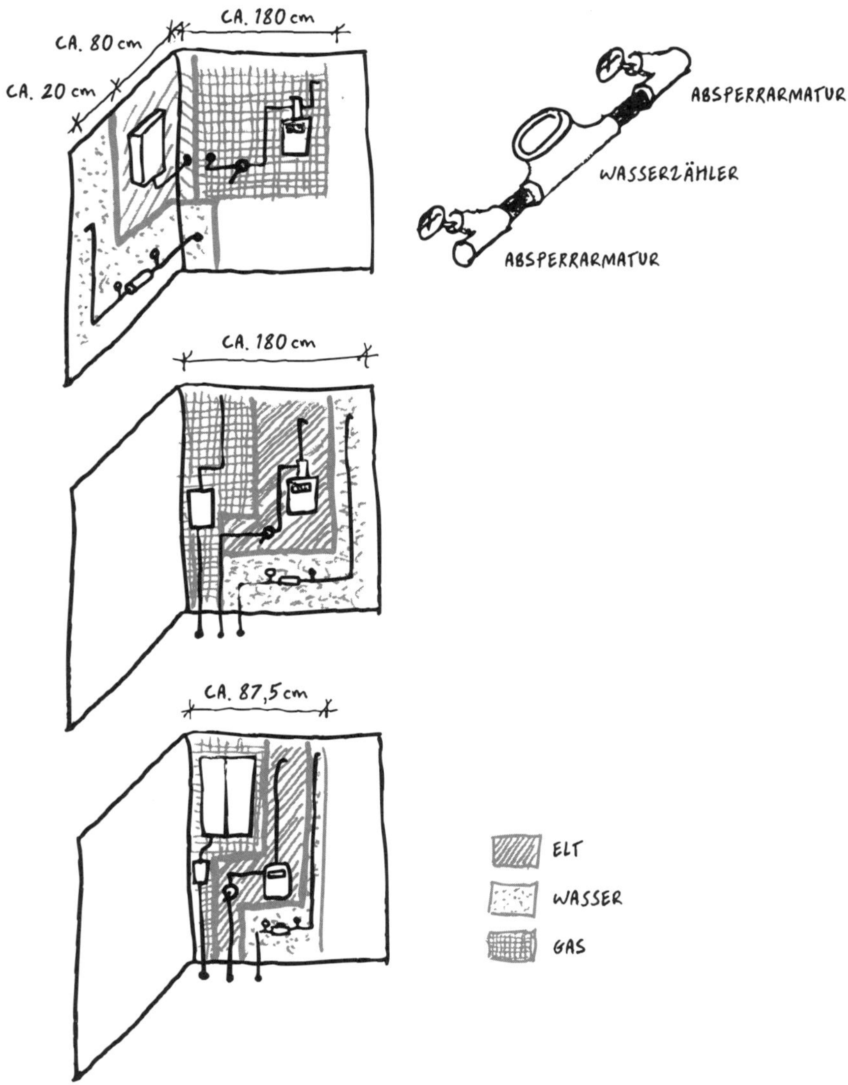
CA. 180 cm
CA. 80 cm
CA. 20 cm
ABSPERRARMATUR
WASSERZÄHLER
ABSPERRARMATUR
CA. 180 cm
CA. 87,5 cm
ELT
WASSER
GAS

Halbzeug

Der Begriff Halbzeug steht kurz gesagt für weiterzuverarbeitende Produkte. Dabei können Rohre, aber auch Bleche gemeint sein. Im Fall der Rohre ist es unwichtig, ob diese rund oder eckig sind und wir sie als Leitung oder als tragendes Bauteil verwenden.

In der Haustechnik werden die kleinen Rohrdurchmesser, wie zum Beispiel Frischwasserleitungen, in Zoll angegeben. Daher ist dies auch die geltende Maßeinheit für Verbindungselemente. Die Größenabstufungen betragen ¼-Zoll-Schritte. Wenn die Durchmesser größer werden, wie bei Abfluss- oder Lüftungsrohren, werden die Rohre aber in DN (Nenndurchmesser) beschrieben. Woher die Übereinkunft stammt, ab ca. DN 65, also 2,5 Zoll, die Einheit DN zu verwenden, ist mir leider nicht bekannt. Auffällig ist dabei nur, dass dies in der Regel auch der Trennung zwischen den üblichen Frischwasser-Druckleitungen sowie den Abwasser- und Lüftungsleitungen entspricht. Die Einheit DN bezeichnet hierbei den inneren Durchmesser eines runden Rohres. Will man den Außendurchmesser und damit den Platzbedarf des Rohres ermitteln, ist noch zweimal die Wandstärke zu addieren.

Eckige Rohre nennen wir ab einer gewissen Größe im Regelfall eher Kanäle. Diese sind vorrangig in der Lüftungstechnik zu finden. Eine Ausnahme bilden die oft aus ästhetischen Gründen eingesetzten eckigen Regenfallrohre. Es gibt verschiedene Gründe, von dem runden auf den eckigen Querschnitt zu wechseln. Häufig macht der eckige Querschnitt bei Lüftungskanälen deswegen Sinn, weil hier aus Platzgründen Rechtecke statt Quadrate zum Einsatz kommen. Ein Beispiel sind große Lüftungskanäle unter Decken, die breiter als hoch ausgebildet werden, um die lichte Höhe der Räume darunter nicht zu stark einzuschränken.

Rohrverbindungsteile werden Fittinge genannt. Diese wurden früher in Kupfer an die Rohre gelötet und bei Stahlrohren geschraubt. Heute werden Fittinge zumeist gepresst, was aber leider zu einer nicht mehr zerstörungsfrei lösbaren Verbindung führt. Daher sind in heutigen Installationen die meisten Verbindungen Einmalprodukte und nicht kreislauffähig. Darüber wäre es lohnenswert, einmal nachzudenken.

RUNDROHR

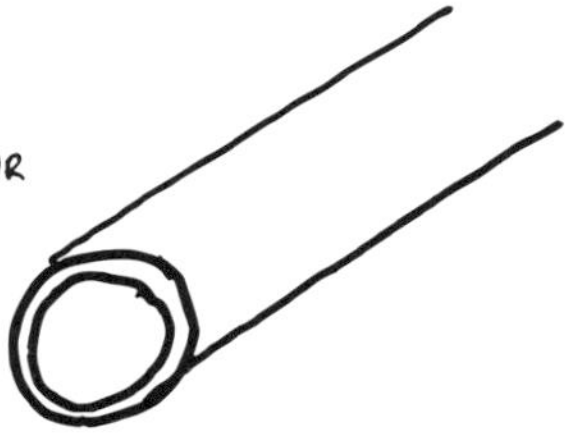

DN 80
DN 90
DN 100
DN 125
DN 150
...

Z.B.
ABWASSER,
REGENWASSER,
LÜFTUNG

METALL
KUNSTSTOFF
KERAMIK

QUADRATROHR ODER
RECHTECKROHR

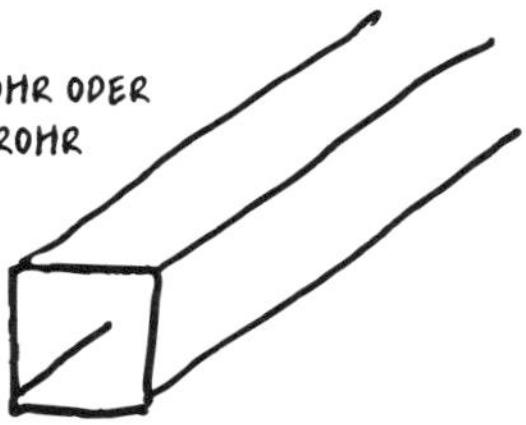

80/80
100/100
125/125
150/150
...

Z.B.
REGENWASSER,
LÜFTUNG

METALL
KUNSTSTOFF

RUNDROHR

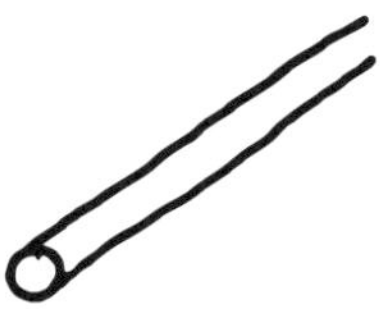

1/4 ZOLL
1/2 ZOLL
3/8 ZOLL
...

Z.B.
FRISCHWASSER,
HEIZUNG

METALL
KUNSTSTOFF

FITTINGE

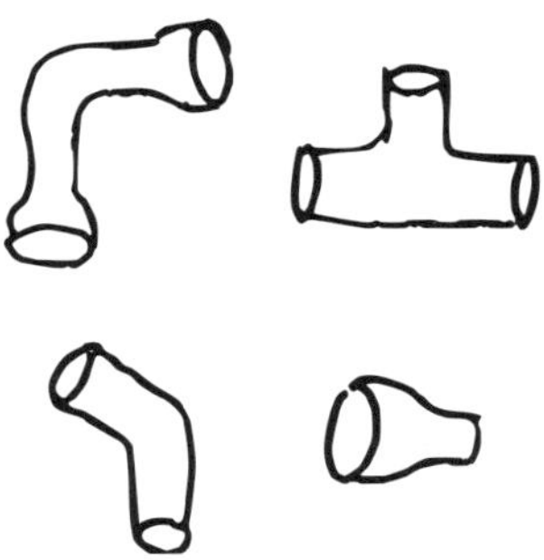

BOGEN
T-STÜCK
REDUZIERSTÜCK
ETC.

METALL
KUNSTSTOFF
KERAMIK

Gefälle

Abwasser und Regenwasser, also jedes Wasser, das unsere Gebäude kontrolliert durch Rohre, Schächte, Rinnen oder Kanäle verlassen soll, wird drucklos mittels Schwerkraft transportiert. Da Wasser, wie jeder Fluss, der Schwerkraft folgend von oben nach unten fließt, benötigen all diese Leitungen ein Gefälle.

Wie solche Leitungen zu planen sind, wird in Deutschland in nicht nur einer Richtlinie beschrieben. Genau genommen finden wir Angaben dazu in der DIN EN 12056 und DIN 1986-100 für Leitungen im Innern des Gebäudes. Außerhalb von Gebäuden kommen dann zu den schon genannten die DIN EN 752, DIN EN 1610, ATV A 127, ATV A 139 und ATV A 142 hinzu. Und dennoch können wir uns daran orientieren, dass wir mit mindestens 0,5 % Gefälle für belüftete Leitungen und 1% Gefälle für unbelüftete Leitungen in der Regel richtigliegen. Ausnahmen werden auf den folgenden Seiten vorgestellt.

Wollen wir, was wir jedoch im Entwurf vermeiden sollten, Abwasserleitungen von unbelüfteten Toilettenspülungen horizontal verziehen, so gibt uns die DIN EN 12056 vor, dass wir 4 m Horizontalverzug und 3 Umleitungen mit maximal 90° nicht überschreiten sollen. Belüften wir hingegen diese Leitungen, dürfen wir die horizontale Strecke auf 10 m erhöhen und beliebig umleiten.

Die DIN verbietet uns auch, Regen- und Schmutzwasser in gemeinsamen Leitungen zu führen. Wir müssen also immer eine Regenwasserleitung und eine Schmutzwasserleitung planen. Natürlich kann die Regenwasserleitung auch außerhalb der Gebäudehülle liegen. Das kennen wir von den typischen Regenfallrohren.

Möchten wir berechnen, welcher der höchste und der niedrigste Punkt einer Abwasserleitung ist, so können wir mit der Grundannahme starten, dass um ein Rohr herum etwa 5 cm Platz als Arbeitsraum und für Befestigungen frei zu halten ist. Dann addieren wir den Außendurchmesser unseres Rohres hinzu. Dazu kommt das Gefälle als Produkt von horizontaler Leitungslänge und 0,005 (bzw. 0,01). Schon kennen wir den Platzbedarf für unsere Leitung.

GEFÄLLE DIN EN 12056
DIN 1986-100

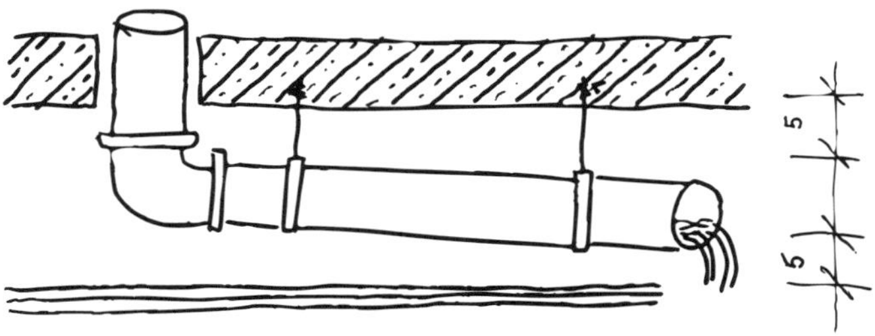

PLATZBEDARF
CA. 5cm ZUR DECKE
+ AUSSENDURCHMESSER
+ CA. 5cm ZUR ABHANGDECKE
+ GEFÄLLE

GEFÄLLE GEM.
DIN EN 12056
0,5%

ROHRDURCHMESSER HALBZEUGE

DN (NENNDURCHMESSER)
60, 80, 90, 100, 125, 150, 200 IN MM

AUSSENDDURCHMESSER
DN + WANDSTÄRKE
WANDSTÄRKE JE NACH MATERIAL

Hebeanlage

Aus der Anschauung wissen wir, Wasser fließt der Schwerkraft folgend bergab. Das ist auch in unseren Abwasserleitungen so. Nun kommt es manchmal vor, dass wir aber mit unseren Abwasseranschlüssen im Gebäude tiefer liegen als der Abwasserkanal in der Straße. Oder wir liegen mit unseren Leitungen unterhalb des Regewasserpegels der Umgebung. Auch kommt es vor, dass wir zum Beispiel beim Bauen im Bestand an Stellen Abwasseranschlüsse benötigen, an denen wir aber keine Fallrohre haben. Für all diese Fälle können wir Hebeanlagen einsetzen.

Eine Hebeanlage ist im Grunde eine Pumpe, die das Abwasser so weit in die Höhe pumpt, dass es danach wieder wie gewohnt mittels Schwerkraft in einem Gefälle zum geplanten Ziel fließen kann.

Gern werden kleine Hebeanlagen in Arztpraxen verwendet. Da jedes Behandlungs- oder Sprechzimmer einen Platz zum Händewaschen benötigt, aber kaum ein Gebäude so viele Fallleitungen und Schächte aufweist wie Zimmer, pumpt man das Abwasser von unterhalb der Waschbecken an die Decke und installiert unter der Decke die Abwasserleitungen zum Schacht.

Auch haben viele Gebäude WC-Anlagen oder ganze Bäder im Keller. Die Abwasserkanäle liegen aber in der Regel nicht 3 bis 4 m tief unter der Erde. Also wird auch hier das Abwasser hoch an die Decke gepumpt, wo es zum Abwasserleitungssystem gelangt und im Gefälle zum städtischen Kanal geführt wird.

Hebeanlagen können aber auch eingesetzt werden, um einen Rückfluss von Abwasser bei Starkregen zu verhindern. Hier wird das Abwasser über den Starkregenpegel gepumpt und über einen Bogen geführt. Damit wird vermieden, dass der Wasserpegel außerhalb des Gebäudes über die Entwässerungsebene des Gebäues steigen kann.

Werden auch Fäkalien durch eine Hebeanlage gepumpt, so müssen diese vorher in der Anlage zerkleinert und verflüssigt werden.

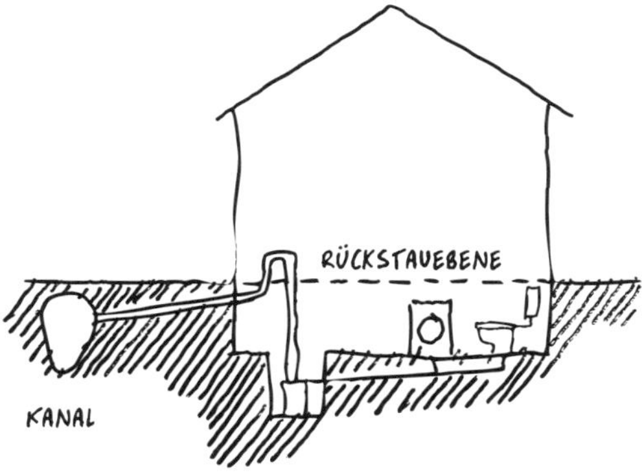
RÜCKSTAUEBENE
KANAL

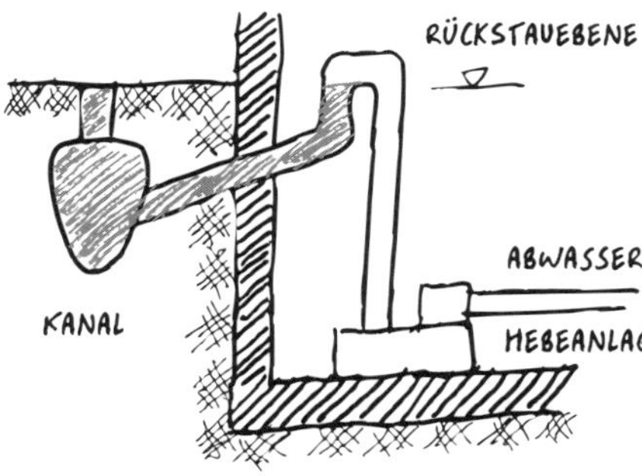
RÜCKSTAUEBENE
ABWASSER
KANAL
HEBEANLAGE

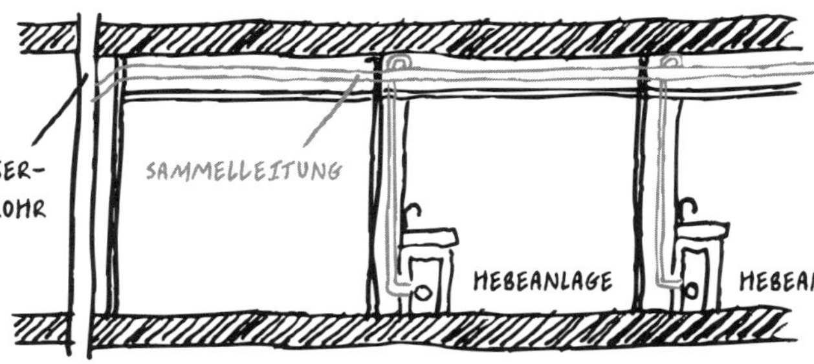
SCHMUTZWASSER-
FALLROHR
SAMMELLEITUNG
HEBEANLAGE
HEBEANLAGE

Rückschlagklappe

In Abwasser- und Regenwasserleitungen werden häufig Rückschlagklappen eingebaut. Diese Einrichtung hat zwei Funktionen.

Zum einen sind diese Leitungen, wenn es nicht gerade regnet oder die Toilettenspülung betätigt wird, leer. Daher eignen sich die verwendeten Rohre mit einem Innendurchmesser von etwa 10 bis 15 cm für Tiere wie Mäuse oder Ratten hervorragend als Tunnel. Da Ratten sich häufig in städtischen Abwassersystemen aufhalten, werden sie von heruntergespülten Essensresten angelockt und folgen dann der Spur dieser Essensreste zur Quelle. Dabei können Ratten mehrere Stockwerke senkrecht in Abwasserleitungen erklimmen. Dies wird durch Rückschlagklappen verhindert.

Zum anderen haben wir, insbesondere in Städten mit hohem Versiegelungsgrad, bei Starkregen häufig überlastete Abwassersysteme. Dies führt zum Anstieg der Wasserspiegel in der Kanalisation. Steigt der Spiegel über das Niveau der Hausanschlüsse der Gebäude, fließt es in die Gebäude zurück. Auch dies kann eine Rückschlagklappe verhindern.

Öffnen können sich Rückschlagklappen nur in eine Richtung. Man baut sie deswegen so ein, dass dies in der geplanten Fließrichtung geschehen kann. Fließt kein Wasser, sind sie verschlossen und können von außen nicht von neugierigen Nagern geöffnet werden. Und da sie sich nur in eine Richtung öffnen, lassen sie auch kein zurückfließendes oder aufgestautes Wasser hindurch.

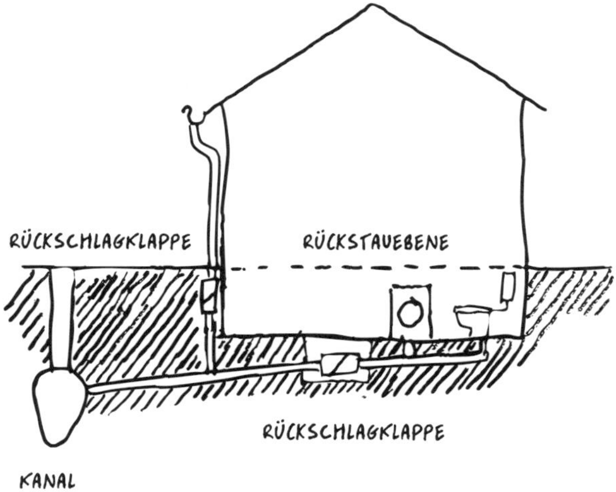
RÜCKSCHLAGKLAPPE
RÜCKSTAUEBENE
RÜCKSCHLAGKLAPPE
KANAL

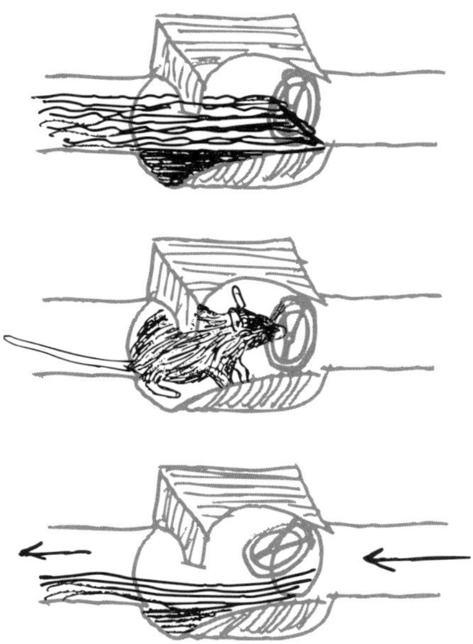
RÜCKSTAU
NAGERSCHUTZ
NORMALBETRIEB

Abwasserdruckanlage

Wenn Gebäude sehr weit weg vom öffentlichen Straßenland stehen, kann es vorkommen, dass eine Hebeanlage nicht mehr ausreicht, um diese an das Kanalsystem anzuschließen. Die Abstände sind schlicht zu groß, um ein Gefälle auszubilden. In diesem Fall kann eine Abwasserdruckanlage helfen.

Wie der Name schon sagt, wird in diesem Fall das Abwasser nicht mehr mittels Schwerkraft fließend, sondern mithilfe einer Pumpe unter Druck zum Kanalsystem befördert. Diese Technik bedingt jedoch, dass vorher sämtliche Feststoffe zerkleinert und verflüssigt werden, damit diese durch die Pumpe hindurchpassen. Auf diese Weise kann Abwasser sogar bergauf in ein Kanalsystem befördert werden.

Umgekehrt besteht auch die Möglichkeit, mit Unterdruck zu arbeiten. Eher innerhalb von Gebäuden lassen sich Vakuumspülungen einsetzen, um zum Beispiel Toilettenspülungen an Orten im Gebäude zu realisieren, an denen keine Schächte vorhanden sind. Das Prinzip kann man sich vorstellen wie bei Toiletten im Flugzeug. Wenn die Spülung betätigt wird, spült nicht das Wasser aus dem Spülkasten den Inhalt weg, sondern wird dieser abgesaugt. Erst danach wird das Toilettenbecken wieder mit Wasser gefüllt.

Beide Systeme erfordern den Aufbau von Druck bzw. Unterdruck und unterstützen somit auf technischem Weg den Transport des Abwassers, um es ohne oder sogar entgegen eines Gefälles zu bewegen. Beide Systeme sind störungsanfälliger, sind mit höherem technischem Aufwand verbunden und daher eher für Sonderfälle zu empfehlen.

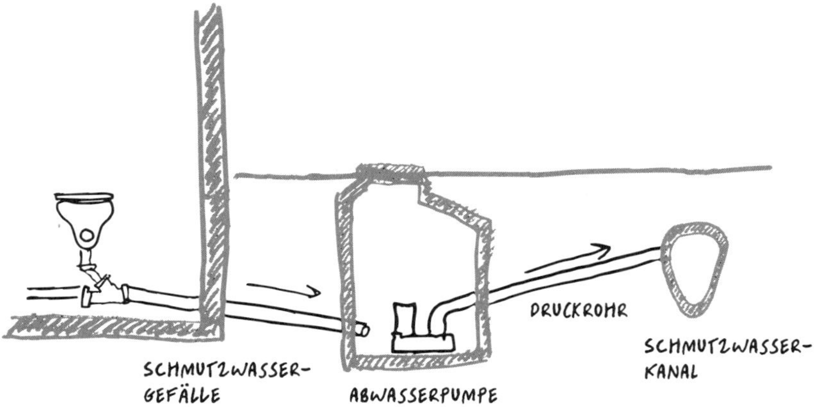
DRUCKROHR
SCHMUTZWASSER-
GEFÄLLE
ABWASSERPUMPE
SCHMUTZWASSER-
KANAL

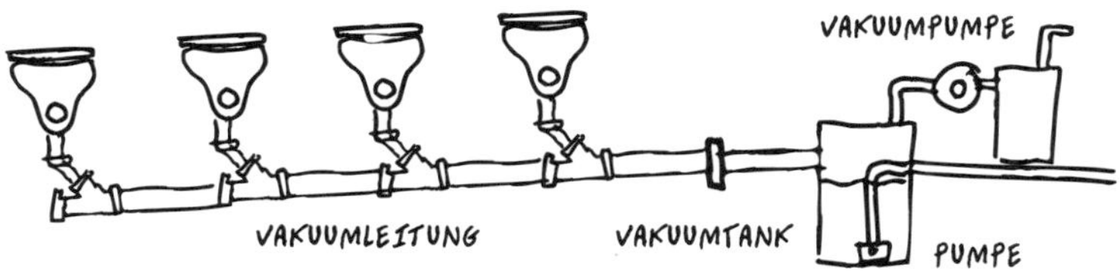
VAKUUMPUMPE
VAKUUMLEITUNG
VAKUUMTANK
PUMPE

Haustechnikräume

In der Regel fallen sogenannte Hausanschlussräume und Haustechnikräume zusammen. Es ist sinnvoll, Hausanschlüsse in dem für das jeweilige Medium vorgesehenen Technikraum herzustellen.

Diese Räume dienen, wie der Name schon sagt, zur Unterbringung der technischen Anlagen der Gebäude. Dabei ist es grundsätzlich ratsam, die Medien räumlich voneinander zu trennen. Da sich Strom und Wasser nicht sonderlich gut vertragen, spricht einiges dafür, hier gesonderte Räume zu planen.

Da Anlagentechnik je nach Bedarf, zumeist auch je nach Gebäudegröße, mitwächst, müssen logischerweise auch Technikräume mit dem steigenden Bedarf größer ausfallen. Wenn diese Räume in der frühen Planung vernachlässigt werden, kann es im späteren Verlauf zu nicht unerheblichen Problemen kommen. Neben der leicht zu unterschätzenden Fläche vergrößert sich auch der Bedarf an Raumhöhen.

Neben der Größe der Technikräume ist ebenfalls deren Zugänglichkeit von großem Interesse. Es muss für jeden Technikraum eine Zugänglichkeit in der Größe des kleinsten verbauten Einzelteils gewährleistet werden. Schlau ist es, Technikräume an den Außenseiten von Gebäuden zu platzieren. Das vereinfacht die Zugänglichkeit erheblich.

DAS VERHÄLTNIS VON TECHNIKFLÄCHE
ZU BRUTTOGESCHOSSFLÄCHE IN ANLEHNUNG AN VDI 2050

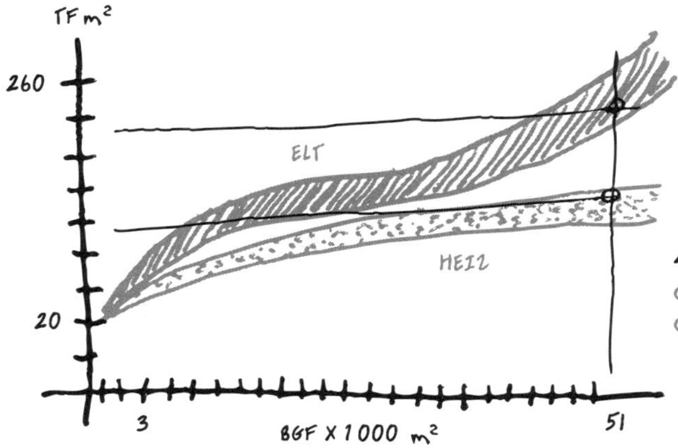

45 000 m² BGF ⇒
CA. 100 m² TF HEIZ
CA. 220 m² TF ELT

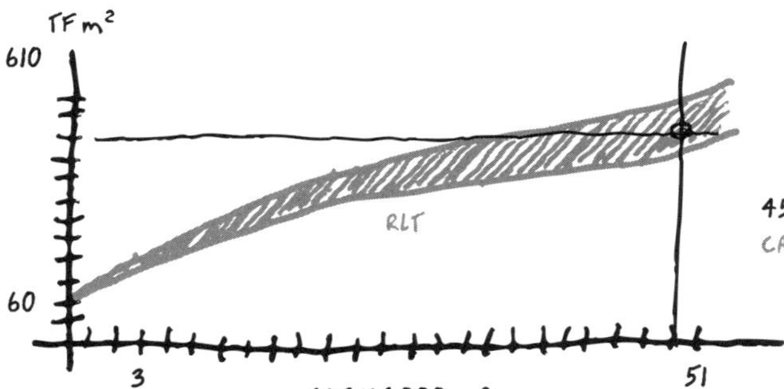

45 000 m² BGF ⇒
CA. 410 m² TF RLT

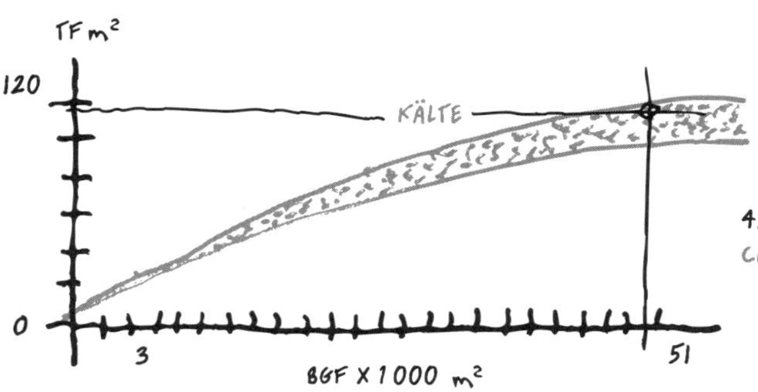

45 000 m² BGF ⇒
CA. 100 m² TF KÄLTE

Frischwasser / Trinkwasser

Im Grunde haben wir, wenn es um Frischwasser geht, bei der Planung wenige Themen. Frischwasser wird vom Versorger mit einem Druck von 4–5 bar zur Verfügung gestellt. Daher sind Verzüge horizontal unproblematisch. Die Leitungen haben keine Durchmesser und können beinahe beliebig geführt werden. In der Vertikalen kommt dieser Druck jedoch bei mehr als drei Etagen an seine Grenzen. Fällt der Druck unter 2 bar, wird schon das Duschen zum Problem. Daher werden bei höheren Gebäuden, insbesondere im Hochhausbereich, Druckerhöhungsanlagen eingesetzt.

Um den ausreichenden Druck überall im Gebäude zur Verfügung zu stellen, gibt es verschiedene Möglichkeiten:

- Man kann bereits am Hausanschluss eine Druckerhöhungsanlage einsetzen. Da dann aber der Druck in unteren Geschossen zu hoch ist, wird das Gebäude in Druckzonen aufgeteilt. Diese werden mit Druckminderern wieder reduziert.
- Man kann jeweils in den Etagen, ab denen der Druck nicht mehr reicht, den Druck für die darüberliegenden Etagen erhöhen. Bei Hochhäusern ist diese Methode sehr beliebt.
- Aus Asien und den USA kennt man noch die Reservoirnutzung. Das Wasser wird zuerst ganz nach oben gepumpt. Hier reichen dann am höchsten Punkt auch geringere Restdrucke. Somit muss das Wasser dann nur nach unten verteilt werden.

Außerdem unterliegt unser Trinkwasser hohen hygienischen Standards, um es vor Keimen und Bakterien zu schützen. Die wohl bekanntesten sind die Legionellen: Diese kleinen Lebewesen gedeihen vorzüglich bei mittleren Wassertemperaturen in stehendem Wasser. Daher sind lange Leitungen, in denen das Wasser über mehrere Stunden stehen kann, hier besonders gefährdet. Wir können uns diesbezüglich für den Planer als Faustformel merken, dass Trinkwasserleitungen nicht länger als 5 m sein sollten. Benötigen wir größere Längen, bauen wir eine Zirkulationsleitung. Durch sie sorgen wir dafür, dass das Warmwasser den ganzen Tag fließt und auf Temperatur gehalten wird.

BEISPIEL
FRANKFURTER BÜROCENTER
VON RICHARD HEIL

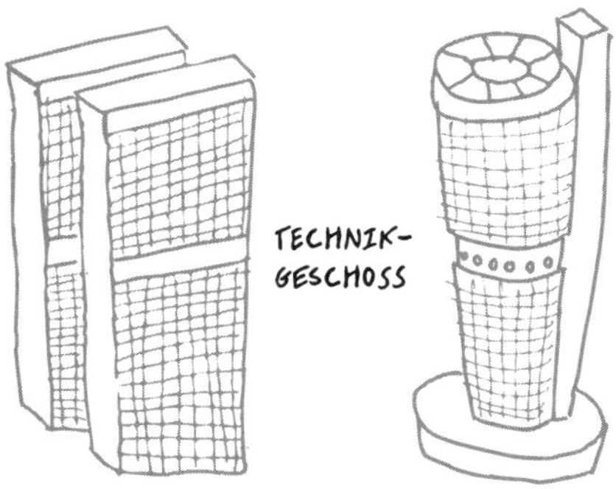

BEISPIEL
RWE-HOCHHAUS
VON INGENHOVEN
ARCHITEKTEN

Gas

Gas stellt in der Versorgung unserer Häuser eine der Hauptenergiequellen im Gebäudebestand dar. Klima- und Energiekrise dürften in absehbarer Zeit dazu führen, dass wir dieses Medium in Neubauten sehr viel seltener einsetzen werden. Aber das Bauen im Bestand wird uns noch eine Weile zum Umgang mit Gas zwingen. Auch lässt sich aktuell nicht vorhersagen, ob der Energieträger nicht durch Biogas und Power-to-Gas-Technologien noch eine gewisse Zeit fortbestehen wird.

Gas macht uns erst einmal wegen der Leitungsstärken und des Drucks keine großen Sorgen bei den Anforderungen an Verzüge, Leitungslängen etc. Dafür ist Gas aber ein nicht ganz ungefährliches Medium. Deshalb unterliegt die Installation von Gasleitungen besonderen Regeln.

Durch ausströmendes Gas können sich Menschen vergiften und sogar sterben. Da Erdgas geruchlos ist, wird es zur Sicherheit mit Methan angereichert.

Gasleitungen, -behälter etc. können, da Gas leicht entzündbar ist, explodieren. In regelmäßigen Abständen erfährt man in der Presse von Gasexplosionen und die Schadbilder sehen verheerend aus.

Aus diesen Gründen existieren bei der Verlegung von Gasleitungen drei einfache Regeln:

- Eine Gasleitung wird offen sichtbar verlegt.
- Wird eine Gasleitung verkleidet, werden Lüftungsöffnungen in der Verkleidung hergestellt, damit Leckagen bemerkt werden können.
- Gasleitungen, die vollständig eingeputzt oder versteckt geführt werden, sind aus einem Stück herzustellen.

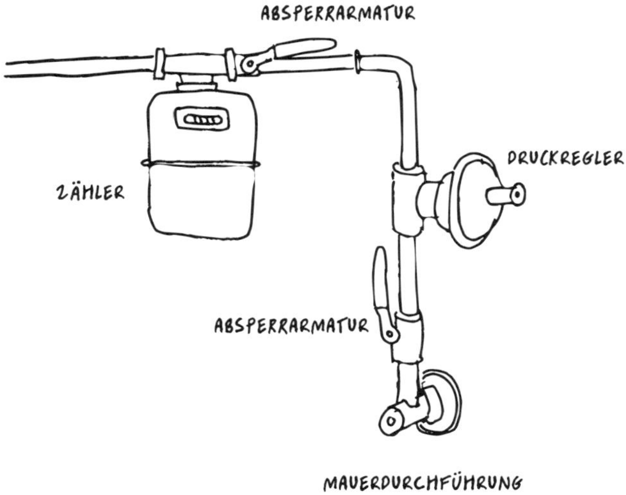
ABSPERRARMATUR
DRUCKREGLER
ZÄHLER
ABSPERRARMATUR
MAUERDURCHFÜHRUNG

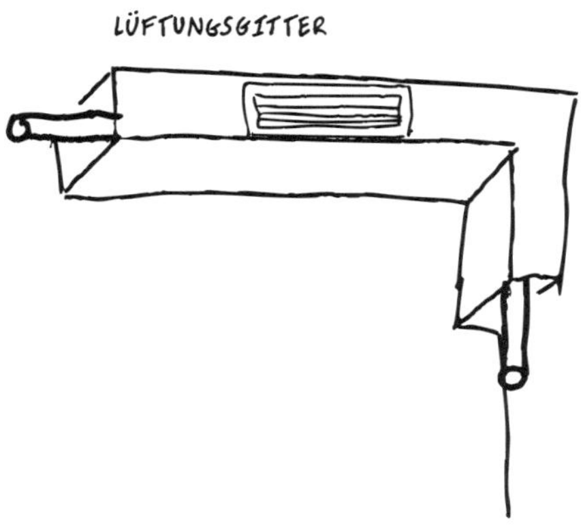
LÜFTUNGSGITTER

Abwasser

Als Abwasser bezeichnen wir das Wasser, das wir benutzt haben und danach entsorgen. In der Regel führen wir es dazu dem öffentlichen Netz zu, damit es in Kläranlagen gereinigt werden kann.

Wie bereits erklärt, nutzen wir gemeinhin zu diesem Zweck relativ große Rohrleitungen, in denen das Wasser mittels der Schwerkraft abfließen kann. Im Grunde könnten wir auch mit oben offenen Rinnen arbeiten, was wir aber aus hygienischen Gründen nicht tun. Die Tatsache, dass Abwasser fließen muss, macht den Entwurf des Abwassersystems für Planer zur Herausforderung. Egal ob im Siedlungsbau, also dem städtischen Abwassernetz, oder im Gebäude – es bedarf eines kontinuierlichen Gefälles.

Steht kein öffentliches Netz zur Verfügung, kann Abwasser alternativ auch in Sammelbehälter abgeleitet werden. Diese werden dann regelmäßig abgepumpt, um das Abwasser per Lkw zu Kläranlagen zu befördern. Solche Behälter nennt man auch Sammelgruben.

Eine weitere Alternative ist der Einsatz von Kleinkläranlagen zur Vorklärung, um das Wasser anschließend auf dem Grundstück versickern zu lassen.

Zu Gruben und Kläranlagen mehr auf den folgenden Seiten.

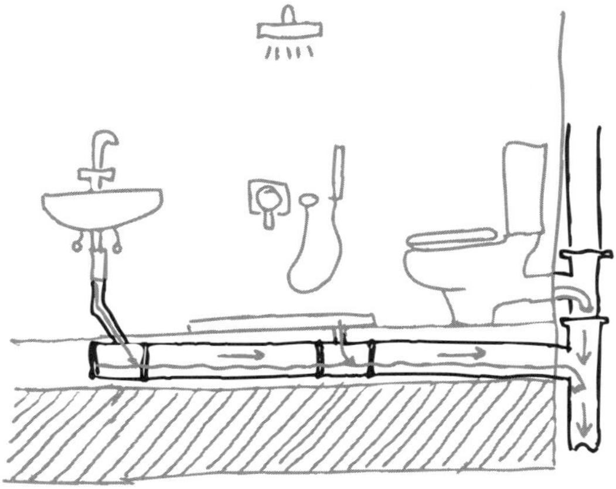

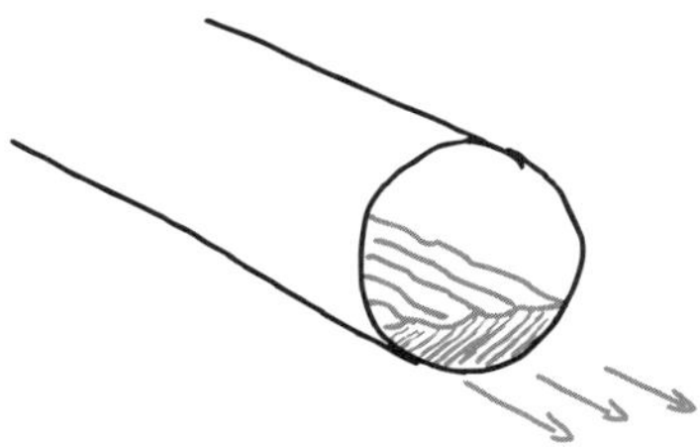

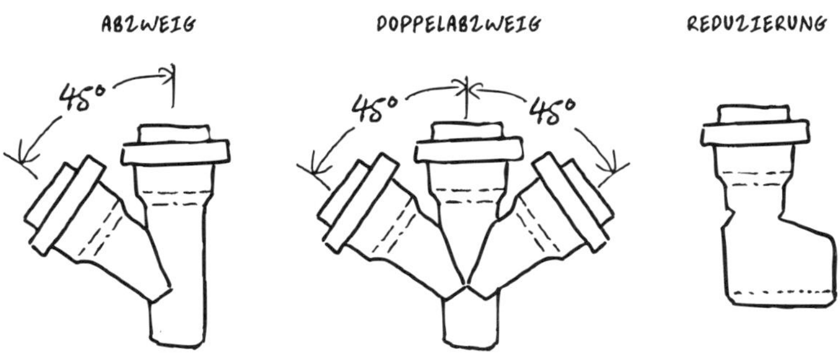
ABZWEIG
45°
DOPPELABZWEIG
45°
45°
REDUZIERUNG

Sammelgrube

Wenn wir Gebäude auf Grundstücken errichten wollen, die nicht an eine öffentliche Entwässerung angeschlossen sind, so besteht die Möglichkeit, Abwasser auch auf dem Grundstück zu sammeln. Für erschlossene Grundstücke gilt, dass der Eigentümer nicht die Wahl hat, sich für eine Sammelgrube zu entscheiden. Er muss sein Gebäude an das öffentliche Netz anschließen.

Dabei verwenden wir Abwassersammelgrube, -becken oder -behälter. All diese Sammeleinrichtungen müssen dicht sein, da wir Abwasser nicht einfach versickern und damit in das Grundwasser gelangen lassen dürfen. Diese Sammeleinrichtungen werden daher regelmäßig abgepumpt. Dazu kommen in der Regel Fahrzeuge, die aussehen wie Tankwagen und das Abwasser mit einem Schlauch absaugen. Anschließend bringen diese es in entsprechende Einrichtungen, wie zum Beispiel Kläranlagen.

Heute existieren für Abwassersammelgruben sogar Zulassungen. Sammelgruben, d. h. dafür vorgesehene Behälter, werden beim DIBt (Deutsches Institut für Bautechnik) zugelassen und zertifiziert. Der Begriff Abwassersammelgrube ist geblieben, auch wenn wir inzwischen fast ausschließlich Kunststofftanks benutzen.

Da deren Leerung und der Transport von Abwasser in diesem Fall per Lkw erfolgen, sollte klar sein, dass eine solche Anlage den CO_2-Fußabdruck des Gebäudes bzw. seines Nutzers unnötig in die Höhe treibt.

Kleinkläranlage

Im Gegensatz zur Grauwassernutzung ist die Kleinkläranlage nicht dafür vorgesehen, Wasser für eine erneute Nutzung im Gebäude bereitzustellen. Die Kläranlage ersetzt den Anschluss des Gebäudes an ein öffentliches Entwässerungsnetz. Der Unterschied zur Sammelgrube ist jedoch, dass die Kläranlage das Wasser ausreichend aufbereitet, um es bedenkenlos versickern zu lassen. Das Abwasser des Hauses muss nicht ständig abgepumpt werden.

Kleinkläranlagen funktionieren auf dieselbe Weise wie die öffentlichen Großanlagen. Der Unterschied liegt in der geringeren Leistung und der fehlenden Kontrolle der Wasserqualität. Daher ist Wasser aus Kleinkläranlagen auch nicht als Lebensmittel zugelassen.

Der Regelaufbau der Kleinkläranlage ist meist dreistufig. In der ersten Stufe werden Feststoffe aus dem Wasser herausgefiltert. Häufig wird hier ein Absetzbecken verwendet, in dem Fett aufschwimmt und sich Feststoffe absetzen. In der zweiten Stufe wird mittels biologischen Verfahrens das Wasser aufbereitet. Dazu kann man Belebtschlamm oder Membranbelebungsreaktoren sowie einige andere Verfahren verwenden. Für den Entwerfer reicht es zu wissen, dass auf biologischem Weg gereinigt wird. In der dritten Stufe, der Nachklärung, werden restliche Schwebstoffe durch Absetzen am Boden abgeschieden.

Die Anlagen kommen im Grunde ohne mechanische Unterstützung aus. Es gibt jedoch so viele Bauarten, darunter auch solche mit mechanischer Unterstützung, Pumpen etc., dass es den Rahmen sprengen würde, diese hier näher zu erörtern.

Wir merken uns: Die Kleinkläranlage wird üblicherweise eingeplant, um Abwasser vor der Versickerung zu reinigen. Sie ist Mittel des Recyclings, jedoch nicht für die mehrfache Nutzung von Wasser im Gebäude vorgesehen.

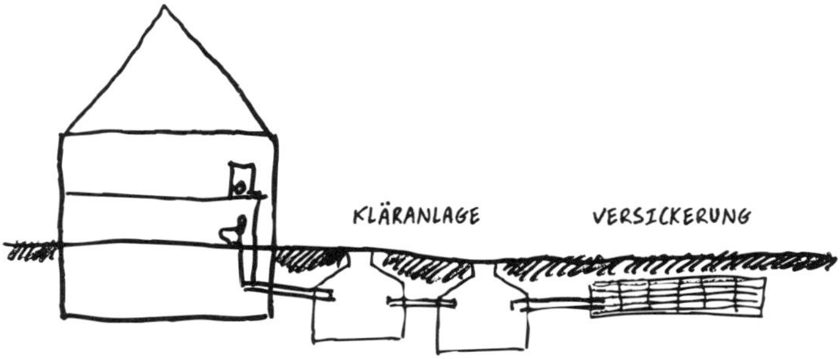
KLÄRANLAGE
VERSICKERUNG

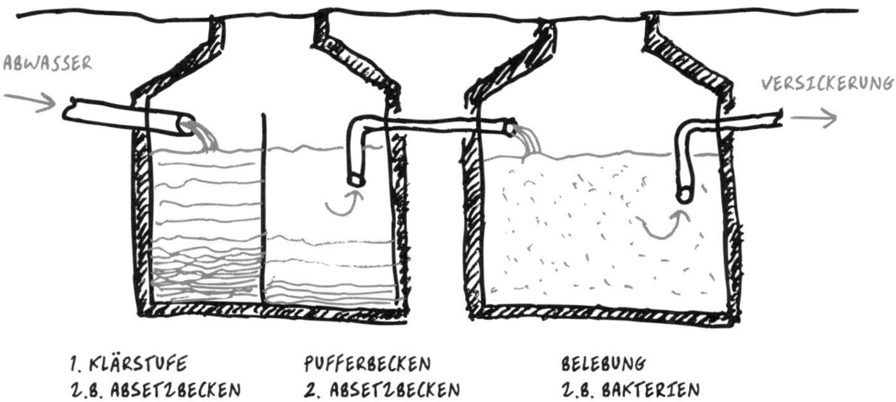
ABWASSER
VERSICKERUNG
1. KLÄRSTUFE
Z.B. ABSETZBECKEN
PUFFERBECKEN
2. ABSETZBECKEN
BELEBUNG
Z.B. BAKTERIEN

Grauwassernutzung

Das Wasser wird nicht zuletzt wegen des Klimawandels zunehmend knapper. Damit steigt der Bedarf, sich schon im Planungsprozess mit dessen Verwendung auseinanderzusetzen. Das Wasser, das in Deutschland „aus der Leitung" kommt, ist wertvolles Trinkwasser in Lebensmittelqualität. Zum Trinken und Kochen verwenden wir davon aber nur 4 %. Der Rest des von uns verbrauchten Wassers benötigt diese hohe Qualität nicht. Es ist also nahe liegend, unser Leitungswasser für die anderen Nutzungen mehrfach zu verwenden. Genau genommen dürfen wir Wasser nur für Nutzungen erneut verwenden, bei denen keine Gefahr besteht, dass wir es zu uns nehmen. Das wären dann Wasser zum Putzen, Geschirrspülen, Wäschewaschen und die Toilettenspülung.

Wenn wir das Wasser nach Erstnutzung auffangen, um es erneut zu verwenden, nennt sich das Grauwassernutzung. Dabei ist zu beachten, dass wir das Wasser aus der Toilettenspülung nicht ein zweites Mal verwenden: Die Europäische Norm 12056-1 definiert Grauwasser als fäkalienfreies, gering verschmutztes Abwasser, wie es etwa beim Duschen, Baden oder Händewaschen anfällt, aber auch aus der Waschmaschine kommt. Dieses kann zur Aufbereitung zu Brauch- bzw. Betriebswasser dienen.

Hierbei besteht die Herausforderung in der Planung darin, neben dem Platz für den Grauwassertank auch ein komplexeres Leitungsnetz mit zu berücksichtigen. Schließlich müssen hier Stoffströme getrennt werden. Alle Verbraucher, aus denen Wasser entnommen wird, das der Mensch trinken könnte, werden mit Frischwasser versorgt. Abwasser mit mäßiger Verunreinigung – das meint so ziemlich alles außer Toilettenspülung – wird in einen Grauwassertank geleitet. Alle Verbraucher, die mit Grauwasser versorgt werden, erhalten separate Zuleitung vom Grauwassertank und die Toilettenspülung wird direkt ins Abwasser geleitet, zusammen mit dem bereits zweifach genutzten Wasser.

Das mag etwas kompliziert klingen, ist aber abgesehen vom erhöhten Platzbedarf eine zu bewältigende Aufgabe.

126 L WASSERVERBRAUCH
PRO PERSON PRO TAG IN DEUTSCHLAND

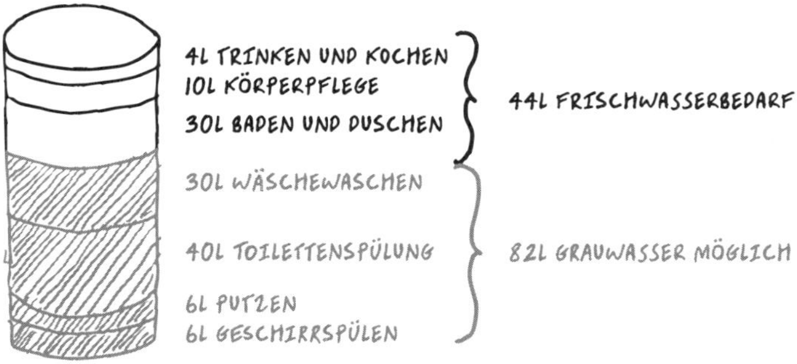

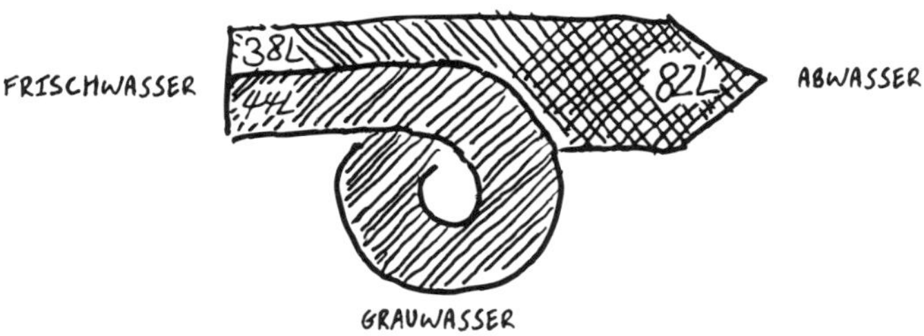

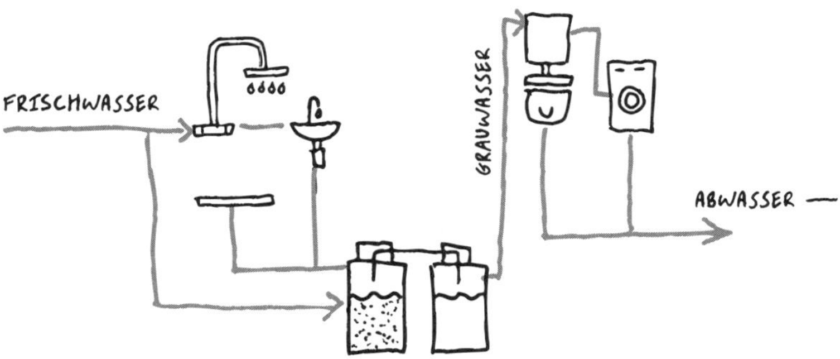

Regenwasser

In Deutschland ist die Behandlung von Regenwasser genauestens geregelt. Grundsätzlich kann man sich merken, dass jedes Regenwasser, das ein von Menschen gemachtes Objekt berührt, im Anschluss vom Besitzer des Objekts ordnungsgemäß zu entsorgen ist. Dabei meint dies das Gehwegpflaster genauso wie die Dachflächen.

Die Entsorgung von Regenwasser erfolgt in den meisten Fällen über das Versickern auf dem eigenen Grundstück. Einschränkungen werden hier im Wasserschutzgebiet gemacht. In solchen Gebieten ist die Versickerungsfläche mit Anforderungen an den Bodenaufbau verknüpft oder es werden andere Regeln wie das Verbot von Metalldächern aufgestellt.

Um Regenwasser auch bei Starkregen auf dem eigenen Grundstück versickern zu können, müssen abhängig vom sogenannten Versickerungsbeiwert des Bodens häufig Maßnahmen ergriffen werden, um die Überflutung des Grundstücks zu vermeiden. In diesem Rahmen seien hier ein paar Möglichkeiten kurz angerissen:

— **Muldenversickerungen bzw. Versickerungsteiche** sind landschaftsplanerisch angelegte Senken oder Becken, in denen zeitweise oder in verschiedenen Ständen Wasser steht, um zeitverzögert zu versickern. Die Maßnahme ist verhältnismäßig günstig.

— **Rigolenversickerungen** werden hergestellt, indem man im Erdreich Hohlräume erzeugt, wo sich das Regenwasser sammeln kann. Auch hier wird dann zeitverzögert versickert. Die sogenannten Rigolenkörper gibt es als unten offene Behälter oder als Körbe. Das Wasser wird mittels Regenleitung direkt hineingeleitet und kann gleichzeitig von oben hineinsickern. Mulde und Rigole können auch kombiniert werden.

— **Sickerschächte** sind unten offene und teilweise auch seitlich perforierte Schächte. Sehr beliebt war früher das Vergraben sogenannter Beton-Brunnenringe. Heute werden auch dafür fertige Kunststoffelemente angeboten.

MULDE

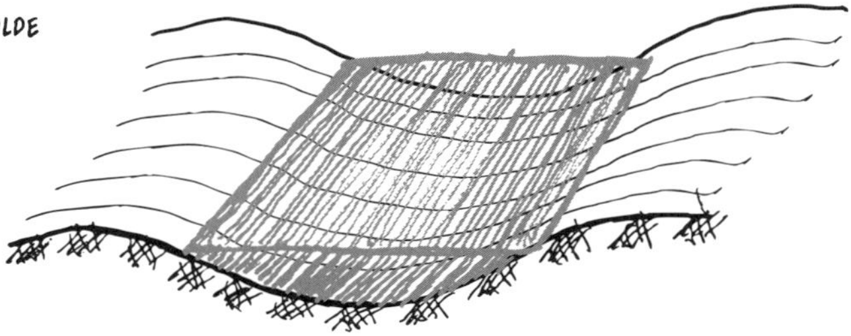

RIGOLE

SICKERSCHACHT

Regenwassernutzung

Auch die kontrollierte Nutzung von Regenwasser wird immer wichtiger. Wir sind verpflichtet, Regenwasser, das auf von Menschen gemachte Flächen fällt, anschließend kontrolliert abzuleiten. Dabei können wir dieses Wasser, statt es einfach versickern zu lassen, auch in Zisternen sammeln und dann in Haus und Garten je nach Bedarf verwenden.

Regenwasser darf im Haushalt ähnlich wie Grauwasser für Verbraucher (siehe Kapitel „Verbraucher und Mengen") verwendet werden, die nicht der Lebensmittelzubereitung und der direkten Einnahme dienen. Also Wasser für Waschmaschinen, Geschirrspüler, zum Putzen oder für die Toilettenspülung. Wir können Regenwasser aber auch einfach bevorraten, um es dann zur Bewässerung der Außenanlagen bedarfsgerecht zu verwenden.

Wenn wir eine Regenwassernutzung planen, ist es wichtig, dass die Zisterne oder der Tank mit einem Frischwasseranschluss ausgestattet wird, der den Tank bei Trockenheit automatisch nachfüllen kann. Dies ist notwendig, weil die Verbraucher nur an diesem Tank angeschlossen sind und keine alternative Wasserversorgung haben. Daher leiten wir für den Fall, wenn es nicht genügend regnet, einfach nur das Frischwasser durch den Regenwassertank.

Regenwasser wird, anders als Grauwasser, nicht behandelt. Wir benötigen lediglich einen Filter, um Feststoffe daran zu hindern, in unsere Verbraucher zu gelangen. Das Regenwasser selbst ist, bis es auf unsere Gebäude getroffen ist, frei von relevanten Verunreinigungen.

In Deutschland bezahlen wir für Wasser zwei Mal. Wir bezahlen den Frischwasserbezug und wir bezahlen die Schmutzwasserabgabe. Daher ist bei der Regenwassernutzung darauf zu achten, dass die Wassermengen mehrfach gezählt werden. Wir haben einen Zähler am Hausanschluss, der den Frischwassereinkauf zählt. Dann haben wir einen Zähler, der die Trinkwassermenge zählt, die wir in den Regenwassertank einfüllen. Und schließlich einen Zähler, der die Wassermenge zählt, die wir im Gebäude aus dem Regenwasserspeicher verwenden. Denn dieses wird dann als Schmutzwasser abgerechnet.

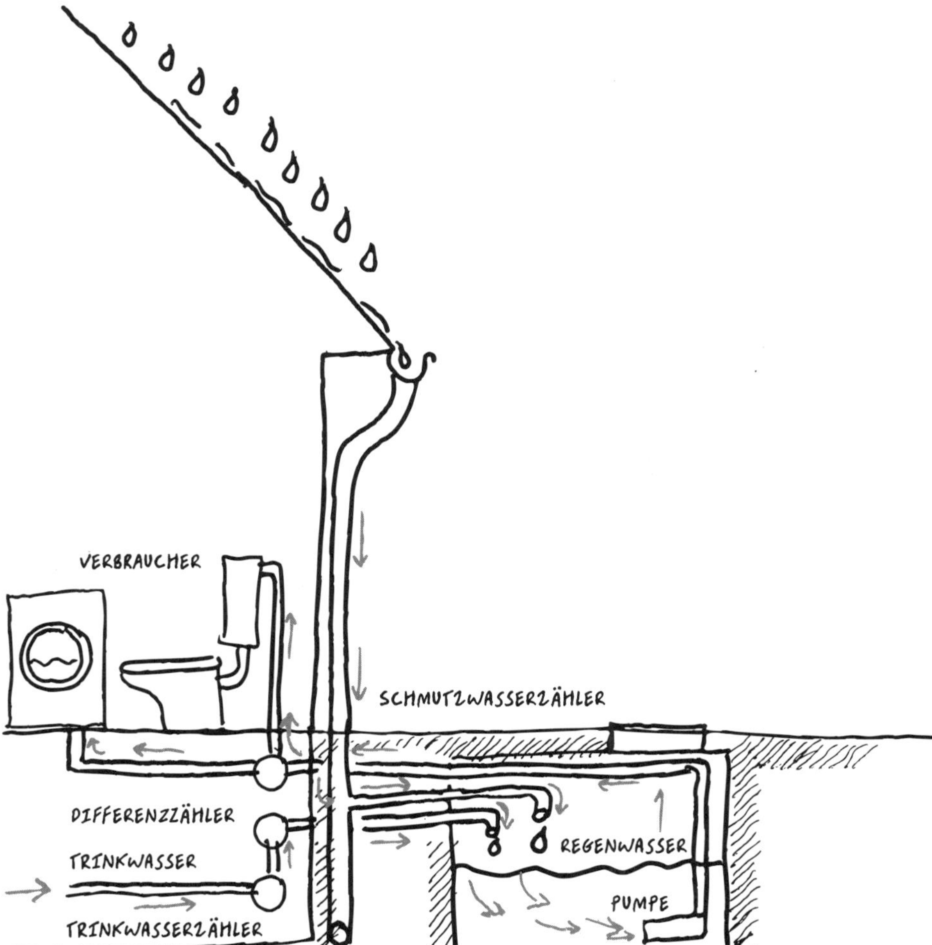
VERBRAUCHER
SCHMUTZWASSERZÄHLER
DIFFERENZZÄHLER
TRINKWASSER
TRINKWASSERZÄHLER
REGENWASSER
PUMPE

02

Installa-tion

Schachtbemessung

In den meisten Fällen führen wir Ver- und Entsorgungsleitungen vertikal gebündelt in Schächten durch ein Gebäude. Diese Schächte können im Entwurf hin und wieder zu unangenehmen Zwängen oder sogar Problemen bei der Entwicklung von Grundrissen führen. Umso wichtiger ist es, dass man bereits sehr früh den Platzbedarf richtig einschätzt. Da sich der Platzbedarf von Rohren und Kanälen je nach Medium unterscheidet, muss man die Bedarfe alle kennen.

Weil alle erwärmten Flüssigkeiten und Körper ihre Wärme an eine kältere Umgebung abgeben wollen, tun das auch die Rohrleitungen. Dieses Phänomen ist aber nicht gewollt, zumal wir anstreben, nur dort Wärme abzugeben, wo es effizient ist. Besonders wenn dies außerhalb unserer thermischen Hülle passiert – zum Beispiel im unbeheizten Keller. Aus diesem Grund werden dort Rohre wärmegedämmt. Der Laie redet hier oft von einer Isolierung. Diesen Fehler darf sich aber ein Architekt nicht erlauben. Stromleitungen werden isoliert, gegen eindringendes Wasser wird gedichtet und Wärme wird gedämmt.

Die **Wärmedämmung** von Rohren wird nach einer einfachen Regel ausgeführt. Die Dämmung, die ein Rohr umgibt, ist immer genauso stark wie der Nenndurchmesser des Rohres. So wird aus dem Durchmesser eines Warmwasser- oder Heizungsrohrs von 28 mm mal eben ein Platzbedarf von 48 mm. Luft oder Abwasser führende Rohre brauchen hingegen keine Wärmedämmung, sind aber an sich schon sehr groß.

Sieht man sich das Ganze als Platzbedarf der gesamten Belegung eines Versorgungsschachts an, kommt einiges zusammen. Und eines sollten wir als Planer auch nie vergessen: Man kann zwar alles zeichnen, aber vor Ort muss man es dann auch bauen können. Daher ist immer daran zu denken, dass wir jedes Bauteil auch ein- und ausbauen müssen.

Daraus folgen **Montageabstände** zwischen Rohren und von Rohren zu anderen Bauteilen, die wir mit 5 cm planen sollten.

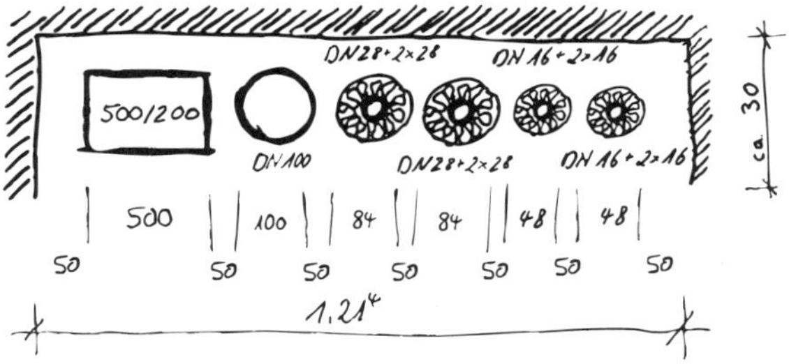

ARBEITSRÄUME 7 X 50 mm =	35,0 cm
LÜFTUNG	50,0 cm
ABWASSER	10,0 cm
WARMWASSER	8,4 cm
KALTWASSER	8,4 cm
HEIZUNG VORLAUF	4,8 cm
HEIZUNG RÜCKLAUF	4,8 cm
	121,4 cm = 1,21 m

LEITUNGEN FÜR WARME ODER KALTE MEDIEN
DICKE WÄRMEDÄMMUNG = ØROHR

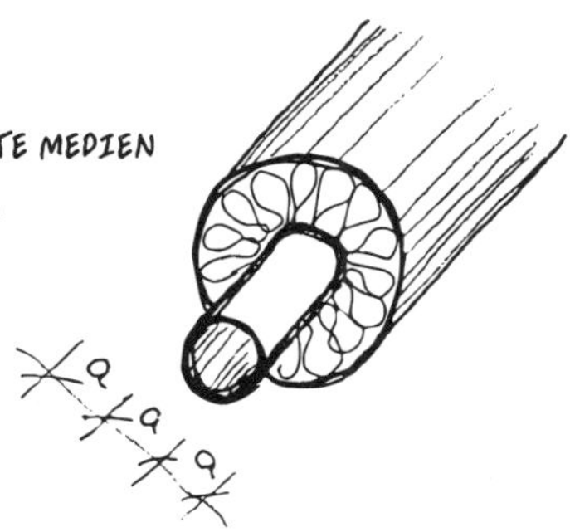

Horizontalverteilung Wohnungsbau

Versorgungsleitungen werden nicht ausschließlich vertikal in Versorgungsschächten geführt. Auf den einzelnen Etagen werden sie auch horizontal innerhalb der Etagen verzogen. Diese Verzüge können den entwerfenden Architektinnen und Architekten ähnlich große Probleme bereiten wir die vertikalen Versorgungsschächte.

Im Wohnungsbau entstehen viele Leitungsverzüge, da das Verhältnis von Sanitär- oder Nasszellen sowie Küchen zur gesamten Nutzung hoch ist. Es ist daher ratsam, Grundrisse so zu entwickeln, dass Räume mit Installationsbedarf gebündelt werden, um unnötige Verzüge zu vermeiden. Eine gute Strategie kann sein, Bäder und Küchen nebeneinander anzuordnen.

Werden Verzüge notwendig, so stehen im Wohnungsbau zumeist die Trennwände, aber auch der Fußbodenaufbau zur Verfügung. Der Trockenbau mit Metallständerwerk bietet hier praktikable Möglichkeiten, Leitungen innerhalb der Trennwände zu führen. Eine andere Lösung sind Installationsvorsatzschalen. Die alternative Holzständerbauweise ist leider nicht sonderlich einfach, da die Holzständer nicht in gleichem Maße mit Leitungen gequert werden können.

Grundsätzlich ist dazu zu raten, horizontale Leitungsverzüge so weit wie irgend möglich zu reduzieren. Ganz jedoch sind diese in der Regel nicht zu vermeiden. Zu den Beschränkungen von Verzügen verweise ich hier auf die Kapitel „Gefälle" und „Frischwasser/Trinkwasser".

VERZUG IM TRITTSCHALL

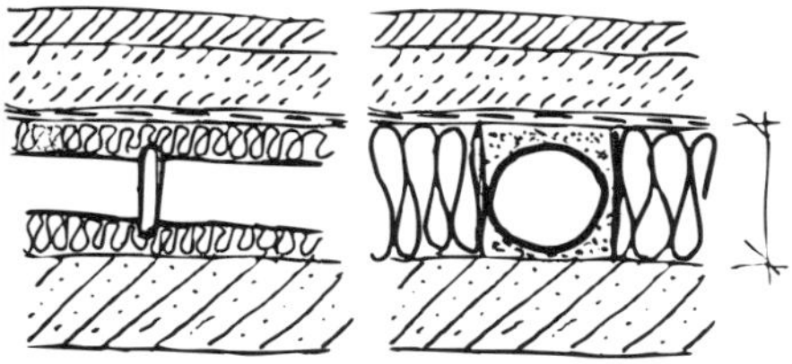

VERZUG IN DER ABHANGDECKE

VERZUG IN DER TROCKENBAUWAND

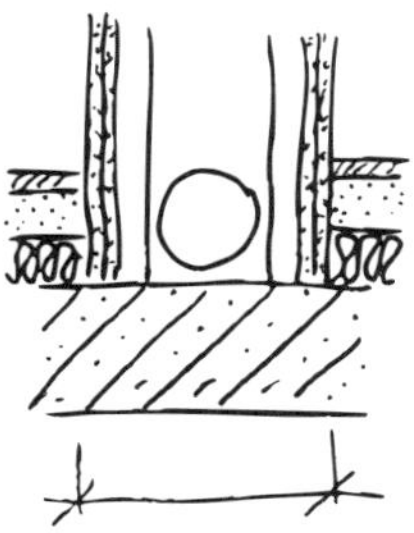

VERZUG IN DER VORWAND

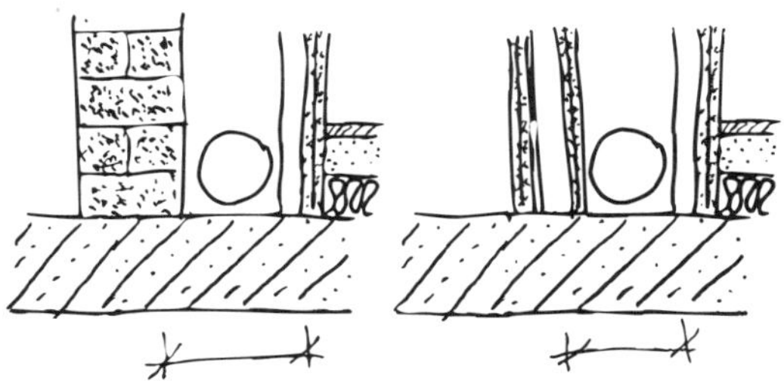

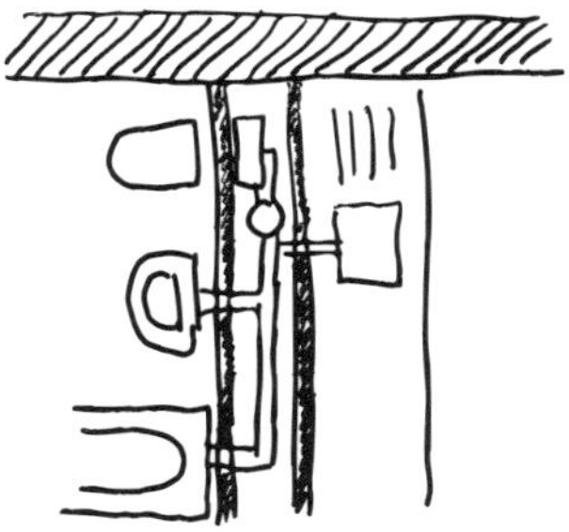

Horizontalverteilung Nichtwohnungsbau

Im Nichtwohnungsbau werden häufig sanitäre Anlagen, Küchen und Technikflächen zentralisiert. Diese sogenannten Kerne oder Versorgungskerne vermeiden lange Verzüge von Wasser- und Abwasserleitungen auf den Etagen. Dafür werden Nichtwohnungsbauten wie Büro- oder Laborgebäude viel häufiger mechanisch be- und entlüftet. Es ist also ein höherer Installationsgrad an Lüftungskanälen zu erwarten.

Ein hoher Bedarf an Grundrissflexibilität führt dazu, dass mit der Versorgung der Gebäude völlig anders umgegangen wird. Elektroleitungen werden häufig offen auf Pritschen geführt. Lüftungs- und Heizungsinstallationen müssen schnell an Grundrissänderungen angepasst werden. Alles unterliegt dem Gebot der Flexibilität.

Das Führen von Leitungen in abgehängten Decken in Fluren oder Flurzonen ist, wenn man diese Zonen konzeptionell aufrechterhalten kann, eine wirtschaftliche Lösung.

Alternativ lässt sich mit Doppel- und Hohlraumböden arbeiten. Diese ermöglichen ebenfalls einen schnellen Umbau bei wechselnden Nutzungen. Außerdem ermöglichen solche Böden den Einsatz von frei im Raum positionierbaren Bodentanks und damit eine Unabhängigkeit bei der Anordnung von Arbeitsflächen. Diese Böden sind nur etwas teurer und stellen Herausforderungen an den Schall- und Brandschutz. Jede Wand ist bis zur Rohdecke durchzuführen, um Rauchübertritt und Schallbrücken zu vermeiden. Entweder werden die Böden an Wandaufstellflächen aufgeschnitten oder es werden unter den Wänden Schotten eingebaut.

Aus wirtschaftlichen Gründen werden günstigere Hohlraumböden und teure Doppelbodenkonstruktionen kombiniert. Dabei werden die öffenbaren Doppelböden wie Leitungstrassen zwischen den Hohlraumböden angeordnet.

Hohlraum- und Doppelböden können auch längere Leitungsverzüge für die Abwasser- oder Regenleitung aufnehmen.

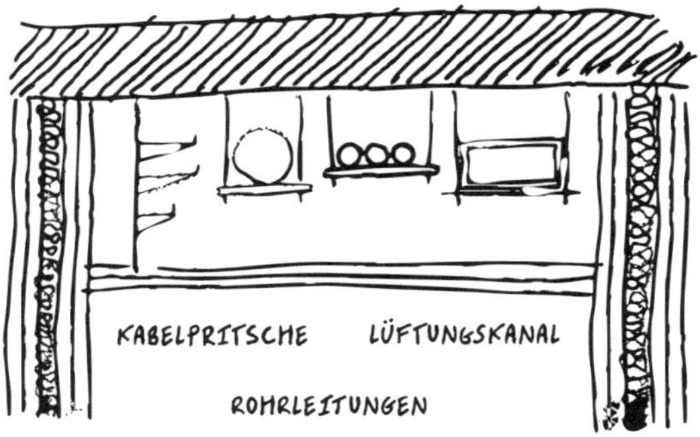
KABELPRITSCHE
LÜFTUNGSKANAL
ROHRLEITUNGEN

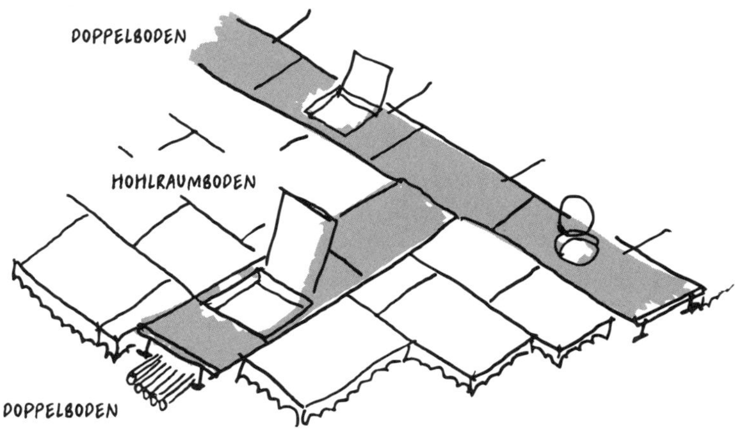
DOPPELBODEN
HOHLRAUMBODEN
DOPPELBODEN

HOHLRAUMBODEN
DOPPELBODEN

Rohrlüftung

Ab- und Regenwasser fließen frei der Schwerkraft folgend in entsprechend dicken Rohren. Diese Rohre sind, wenn sie gerade nicht aktiv verwendet werden, leer. In dem Moment, wo nun jemand die Toilettenspülung betätigt, werden 3–5 Liter Wasser zuzüglich Toilettenpapiers und Hinterlassenschaften in kürzester Zeit durch die Rohre geleitet. Die Toilette selbst hat einen Toilettenbogen. Dieser ist grundsätzlich mit Wasser gefüllt und bildet somit einen Geruchsverschluss aus. Nach dem Spülvorgang ist dieser augenblicklich wieder gefüllt und dicht. Es kann also weder weiteres Wasser noch Luft nachströmen. Denselben Effekt kennen wir, wenn wir einen Strohhalm in ein Glas tauchen und diesen dann oben mit dem Finger verschließen. Wir können nun den Strohhalm aus dem Glas heben und die Flüssigkeit innerhalb der Röhre wird nicht herauslaufen. Damit genau das mit unserem Abwasser nicht passiert, werden Abwasserleitungen entlüftet. Die Abwasserrohre haben also eine ständige Öffnung, durch die beim Spülvorgang, oder wenn wir zum Beispiel eine Badewanne ablaufen lassen, Luft nachströmt, um durch Unterdruck Verstopfungen zu vermeiden.

Genau diese Rohrentlüftung wird gerne vergessen. Eine Abwasserleitung endet nicht auf der obersten Etage, sondern in der Regel auf der Dachfläche. Es gibt auch Ausnahmen an der Fassade. Und da diese Rohre eine permanente Öffnung unserer Abwasserrohre sind, ist besonders bei geplanten Dachnutzungen auf die Platzierung zu achten. Denn sie riechen nach Abwasser.

Für den Fall, dass es gar nicht möglich ist, eine Abwasserleitung über das Dach oder die Fassade zu entlüften, gibt es die Möglichkeit, einen Abwasserrohrentlüfter innerhalb der letzten Etage einzubauen. Diese sind so konstruiert, dass sie das Rohr nicht permanent offen stehen, sondern bei Unterdruck Luft nachströmen lassen. Dies verhindert das Austreten von Gerüchen. Der Vorteil dieser Abwasserrohrentlüfter besteht in der Vermeidung von Dachdurchdringungen und Wärmebrücken sowie Wärmeverlusten über die Abwasserleitungen. Dennoch werden sie nicht als Standardlösung verwendet.

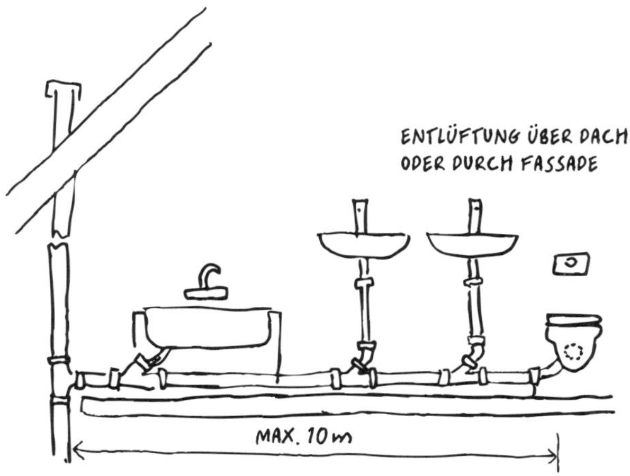
ENTLÜFTUNG ÜBER DACH
ODER DURCH FASSADE
MAX. 10 m

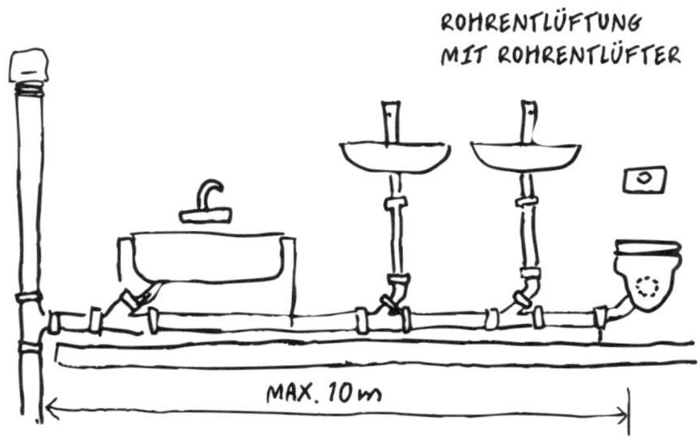
ROHRENTLÜFTUNG
MIT ROHRENTLÜFTER
MAX. 10 m

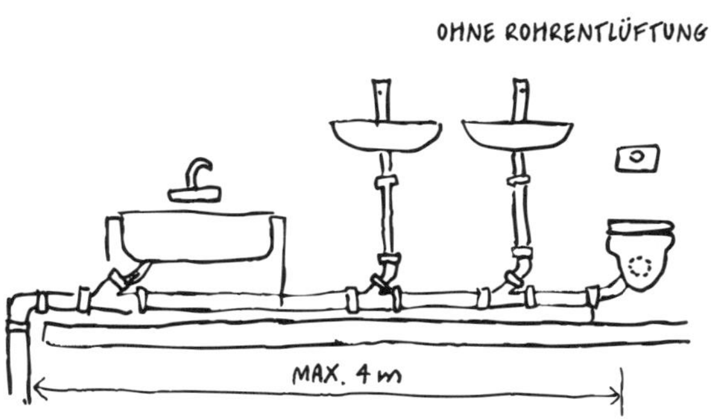
OHNE ROHRENTLÜFTUNG
MAX. 4 m

Verbraucher und Mengen

Jede Frischwasserleitung endet in der Regel an einem sogenannten Verbraucher. Ein Verbraucher kann ein Wasserhahn oder eine Dusche, aber auch eine Waschmaschine sein. All diese Geräte werden mit Frisch- bzw. Trinkwasser versorgt. Da unser Leitungswasser immer in Trinkwasserqualität zur Verfügung gestellt wird, sollte ein sorgsamer Umgang damit selbstverständlich sein. Es gibt Länder, die kaum sauberes Wasser zur Verfügung haben, während die Nordeuropäer mit kontrolliertem Trinkwasser die Toiletten spülen.

Daher kann es nicht schaden, ein paar Zahlen mit Blick auf Verbräuche zu kennen:

- Durch einen durchschnittlichen Wasserhahn fließen, ohne Sprudel- und Spareinrichtungen, durchschnittlich 5–7 l / min.
- Auch durch eine handelsübliche Stab- oder Handbrause fließen 7 l / min.
- Ein Regenschauer hingegen lässt schon 17 l / min an Wasser auf uns herabregnen.
- Ein Schwallauslass, wie man ihn vom Saunieren kennt, hat sogar einen Verbrauch von 26 l / min.
- Eine Toilettenspülung entlässt 4,5 l Spülung an Trinkwasser in die WC-Schüssel.
- Ein Vollbad benötigt 140–160 l Wasser. Manche Designbadewannen kommen sogar auf bis zu 410 l.

Wenn wir uns die Verbräuche von technischen Haushaltsgeräten ansehen, so ist festzustellen, dass diese gegenüber einer Handwäsche zwar Wasser sparen, aber dennoch wertvolles Trinkwasser in folgenden Mengen verbrauchen:

- Geschirrspüler: 9 l / Waschgang (volles Waschbecken ca. 30 l)
- Waschmaschine: 49 l / Waschgang

Es lohnt sich daher, über Zweifachnutzung und Sparmaßnahmen nachzudenken. Dazu mehr im Kapitel „Grauwassernutzung" (S. 38).

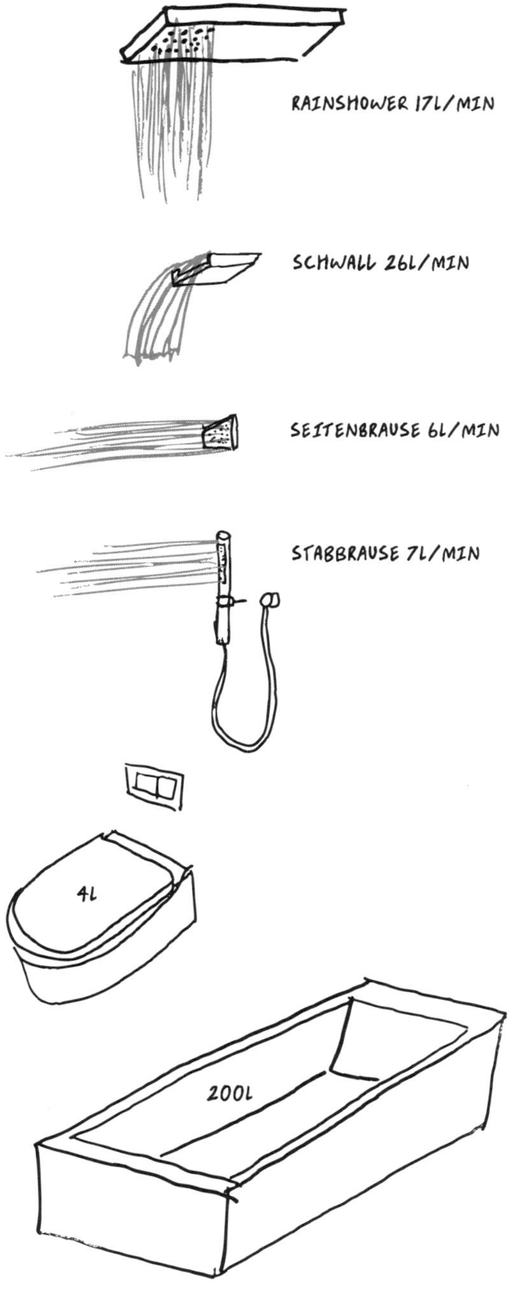
RAINSHOWER 17L/MIN
SCHWALL 26L/MIN
SEITENBRAUSE 6L/MIN
STABBRAUSE 7L/MIN
4L
200L

Hinter der Vorwand (Platzbedarf)

In heutigen Bädern und Küchen sehen wir nur noch die designten Bedienelemente. Auch wenn es technisch insbesondere für den Havariefall, den Austausch oder die schlichte Reparatur von Nachteil ist, empfinden die Menschen die Unterputzinstallation als sehr viel wertiger. Wenig bedacht wird auch, dass einmal gewählte Unterputzarmaturen eine spätere Änderung der Hebel, Schalter und Hähne extrem einschränken. Grundsätzlich ist ein Herstellerwechsel damit unmöglich. Manche Hersteller verwenden nicht mal dieselben Elemente für die eigenen verschiedenen Designreihen.

Der Planungsaufwand und die Randbedingungen, wenn der Planer mit Unterputzelementen arbeitet, werden gern unterschätzt. Der Bau eines gestalterisch funktionierenden Badezimmers bedarf einer vollständigen Planung eines zwischen Fliesenspiegel und Installation abgestimmten Achssystems. Denn der Installateur kann die künftigen Fliesen und Fugen bei der Installation noch nicht sehen. Umgekehrt kann der Fliesenleger kaum sein Fugenbild an ungeplante Installationen anpassen.

Auch unterschätzt wird der Platzbedarf der Unterputzbauteile in den Wänden. Eine einfache Trockenbauwand, die einen Spülkasten für ein wandhängendes WC aufnehmen soll, braucht im Innern mindestens 20 cm Platz. Auch eine einfache Unterputz-Mischarmatur für eine Dusche kommt nicht mit unter 20 cm Einbautiefe aus. Es werden erhebliche Hohlräume benötigt, um all die Technik zu verstecken.

Ein sauber geplantes Bad mit kontrollierten Fugenbildern und gut platzierten Bedienelementen sowie Auslässen erfordert daher eine frühzeitige integrative Planung für die Gewerke Trockenbau, Sanitärinstallation und Fliesenlegerei.

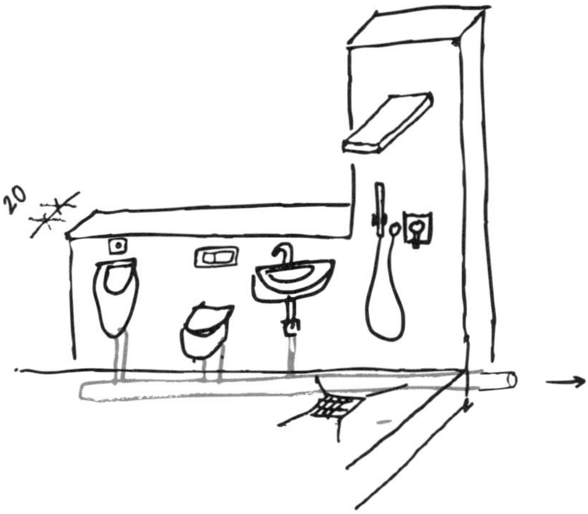
20

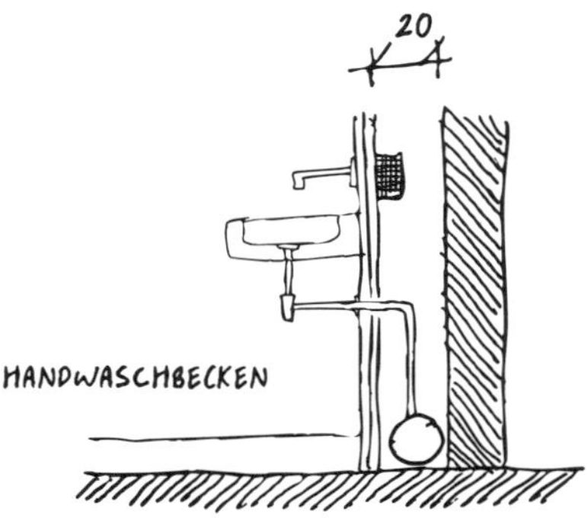
20
HANDWASCHBECKEN

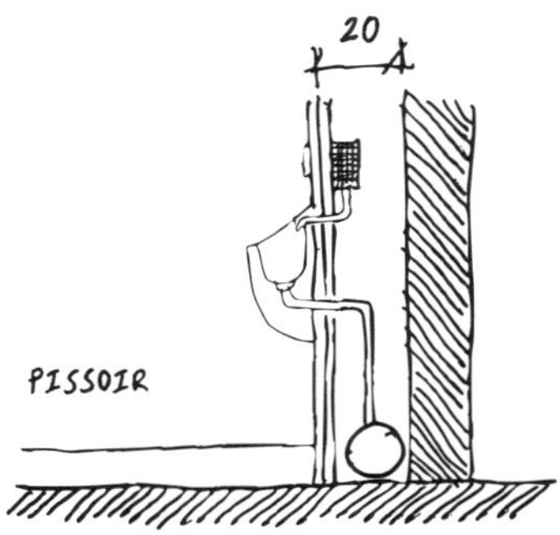
20
PISSOIR

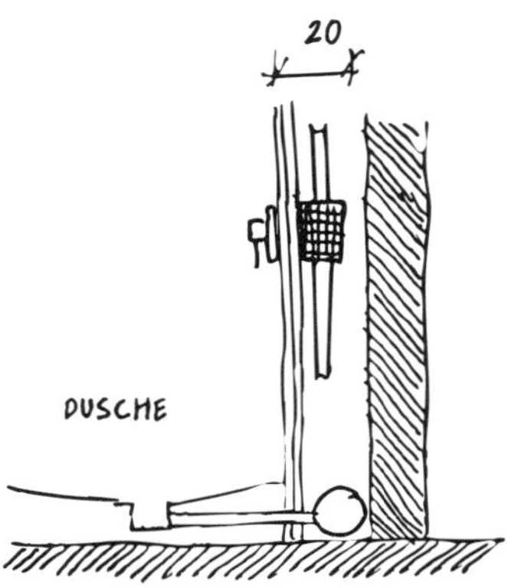
20
DUSCHE

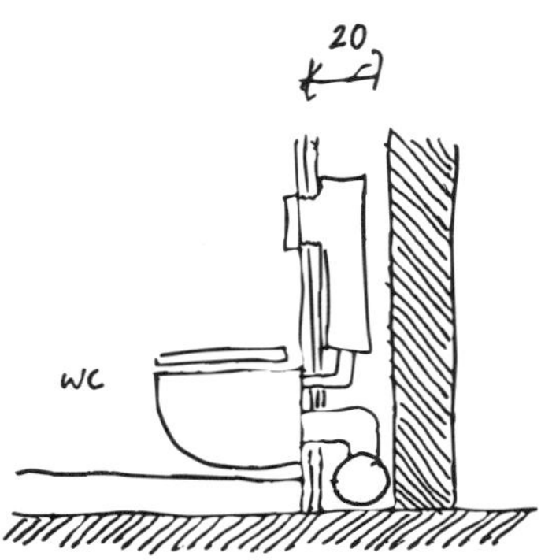
20
WC

Durchlauferhitzer

Der elektrische Durchlauferhitzer könnte eine Renaissance feiern. In den 1950er- bis 70er-Jahren war er sehr beliebt und wurde in Küchen oder Badezimmern eingebaut, um Wohnungen mit Warmwasser zu versorgen. Durch Techniken wie die Zirkulationsleitung zur Verbesserung der Wasserhygiene und den vermehrten Einsatz dezentraler Gasheizungen wurde er jedoch aus dem Wohnungsbau verdrängt. Das Erhitzen von Wasser mittels Stroms bedarf viel Energie und sehr hoher Leistungen. Das wollte man vermeiden. Nur im Gewerbe- oder Bürobau blieb diese Technik erhalten. Hier spielte der etwas höhere Energiebedarf aufgrund der sehr geringen Bedarfe an Warmwasser keine Rolle.

Mit der ständigen Erhöhung des Anteils erneuerbarer Energien im Stromnetz und Maßnahmen wie der Solarpflicht wird die Wärmeerzeugung direkt aus Strom jedoch wieder interessant. Denn wenn der Strom erneuerbar wird, wird damit auch der elektrische Durchlauferhitzer irgendwann nachhaltiger als das Warmwasser aus der fossilen Heizung. Außerdem kann durch kurze Warmwasserleitungen der Durchlauferhitzer, da bei diesem System kein Warmwasser bevorratet wird, ohne zusätzliche Zirkulationsleitungen und -pumpen die Wasserhygiene gewährleisten. Das spart ebenfalls Energie, da weder bereits erwärmtes Wasser wieder abkühlt noch die zusätzlichen Pumpen betrieben werden müssen.

Der Durchlauferhitzer macht im Grunde nichts anderes als ein Tauchsieder. Metallische Bauteile werden mittels Stroms erhitzt. Die Wärme wird über einen Wärmetauscher an das vorbeifließende Wasser abgegeben. Um effizient Wärme zu übertragen, bedarf es großer Oberflächen, hoher Temperaturen und ausreichend langer Kontaktzeiten. Daher wird das Wasser durch ausreichend viele Wendelungen durch einen Wärmetauscher geschickt, der sehr hohe Temperaturen erzeugt.

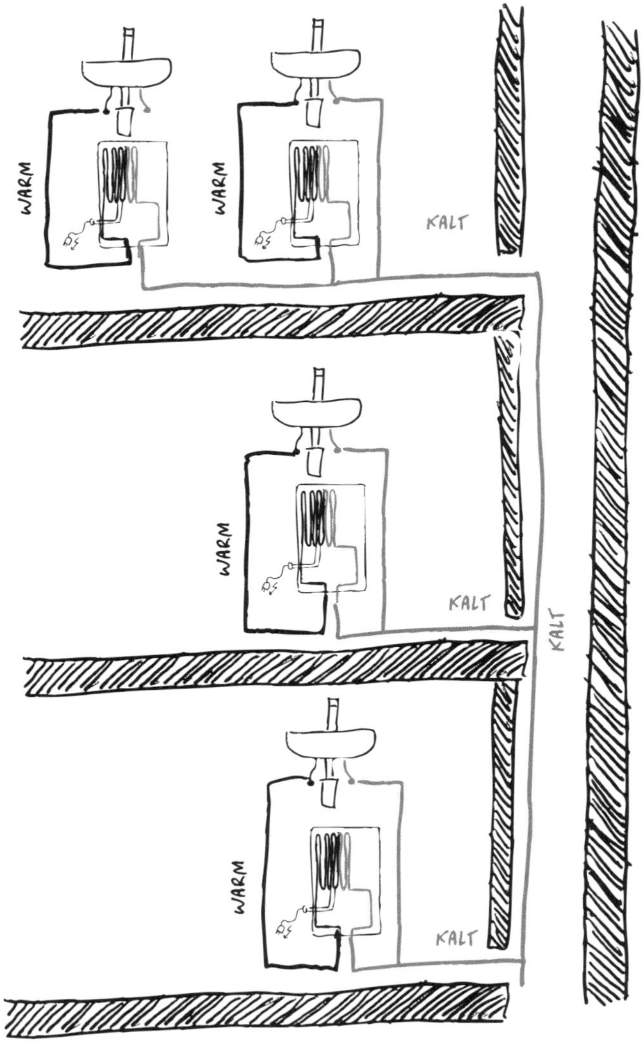
WARM
WARM
KALT
WARM
KALT
KALT
WARM
KALT

Frischwasserstation

Die Frischwasserstation oder der Durchlauf-Wärmetauscher funktioniert grundsätzlich genauso wie ein elektrischer Durchlauferhitzer. Der Unterscheid besteht darin, dass hier die Energiequelle nicht Strom, sondern das im Pufferspeicher befindliche Heizungswasser ist. Es gibt viele teilweise ziemlich komplizierte Speichertechnologien, die mit einer Frischwasserstation kombiniert werden. Wie der Speicher selbst aufgebaut ist, hängt von den Zieltemperaturen der Heizungsanlage und der Leistungsfähigkeit des Wärmeerzeugers ab. Diese Rahmenbedingungen können an dieser Stelle nicht umfänglich erklärt werden.

Wichtig ist: Der Pufferspeicher muss eine ausreichend hohe Grundtemperatur zur Verfügung stellen. 60°C sollten mindestens gegeben sein. Wenn diese Grundtemperatur im Pufferspeicher in ausreichender Menge vorgehalten werden kann, kann die Frischwasserstation den Pufferspeicher als Wärmequelle verwenden. Diese Wärme wird dann bei Bedarf, also wenn der Nutzer warmes Wasser zapft, über einen Hochleistungswärmetauscher in der Frischwasserstation zur Verfügung gestellt. Das Trinkwasser wird durch den Wärmetauscher geleitet und nimmt diese Wärme auf, um am anderen Ende mit einer Zieltemperatur von 35–40°C zur Verfügung gestellt zu werden.

Die Vorteile dieser Technik sind vielfältig. Man benötigt keinen zusätzlichen Strom für die Warmwasserbereitung. Man kann durch große Pufferspeicher Wärmeerzeuger wie Wärmepumpen (zum Thema Wärmepumpen vgl. ein eigenes Kapitel im Band „Bauklimatik" dieser Reihe) effizienter nutzen. Man kann durch Multivalenz Solarthermie, Solarstrom und effiziente Wärmepumpen sowie Spitzenlast-Gasheizungen gemeinsam für die gesamte Wärmebereitung des Hauses ideal einsetzen. Und dabei umgeht man mangels Bevorratung von Warmwasser außerdem die Probleme der Wasserhygiene.

FRISCHWASSERSTATION ZENTRAL

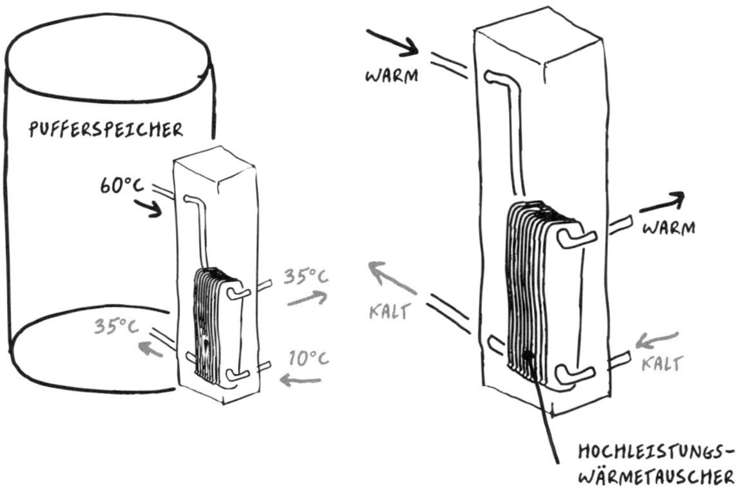

FRISCHWASSERSTATION DEZENTRAL
(JE WOHNUNG)

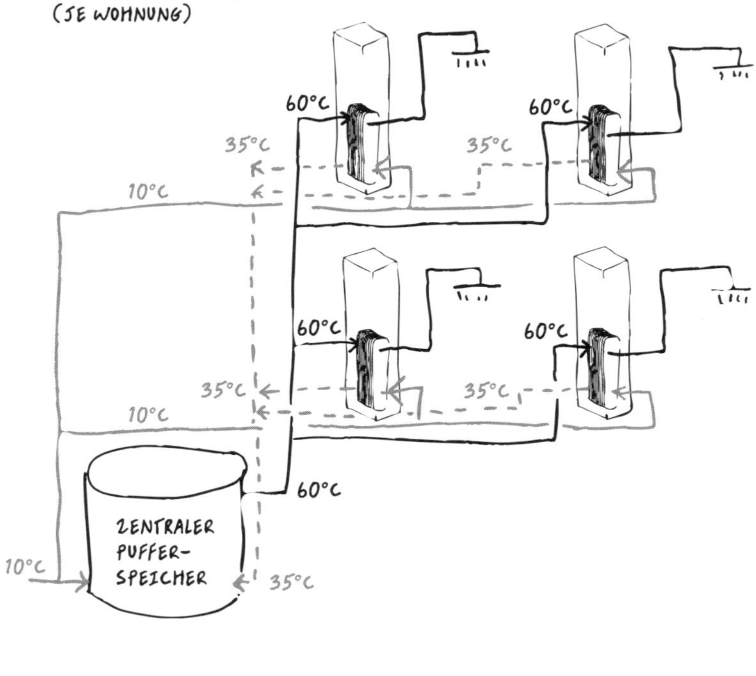

Wärmerückgewinnung

Die Wärmerückgewinnung aus dem Abwasser klingt auf den ersten Blick sinnvoll. Dennoch wird es kaum gemacht. Der Grund liegt auf der Hand. Um Wärme von einem Stoff, hier Abwasser, zu einem anderen Stoff, hier Frischwasser, zu übertragen, bedarf es eines relevanten Temperaturunterschieds, Oberfläche und Zeit. Bereits die geringe Grundtemperatur von Warmwasser aus Duschen, Handwaschbecken oder Spülbecken eröffnet wenig Potenzial. Hinzu kommt, dass im Wohnungsbau nur wenig erwärmtes Brauchwasser anfällt. Und das wiederum nur über kurze Zeiträume. Der Zeitraum, in dem ein volles Spülbecken in der Küche abläuft, reicht kaum, um die Leitungen an sich relevant zu erwärmen. Auch wird selten gleichzeitig Frischwasser gezapft, wenn man ein Becken ablaufen lässt. Dasselbe gilt für einzelne Duschen. Etwas besser sieht es jedoch in sehr stark frequentierten Nutzungen mit hohem Wasserbedarf aus. So kann es eine gute Idee sein, in Hallenbädern oder Saunen die Wärme des Abwassers zu nutzen, um das Frischwasser vorzutemperieren.

Das Prinzip ist dasselbe wie bei anderen Wärmetauschern, nur mit weniger Temperaturdifferenz, daher weniger Effizienz. Aber da hier die Wärme nicht mehr erzeugt werden muss, sondern es sich um Rückgewinnung handelt, sind auch geringe Effizienzen interessant. Im Grunde lässt man das Frischwasser auf dem Weg zum Wärmeerzeuger vorher über Wärmetauschsysteme die Wärme des Schmutzwassers entziehen. Das macht man natürlich, bevor es auf die Zieltemperatur erwärmt wird, damit auch wirklich ein Wärmetransport stattfindet. Jedes Grad, das nicht vom Wärmeerzeuger geliefert werden muss, spart Energie. Die Systeme sind einfach, aber bedürfen oft eines höheren Installationsgrads, sprich einer höheren Zahl laufender Meter an Rohren.

So gibt es Systeme, die das Wasser in der Duschrinne zirkulieren lassen. Andere führen das Frischwasser in Spiralen um Abwasserleitungen herum.

WÄRMERÜCKGEWINNUNG
AM ABWASSERROHR

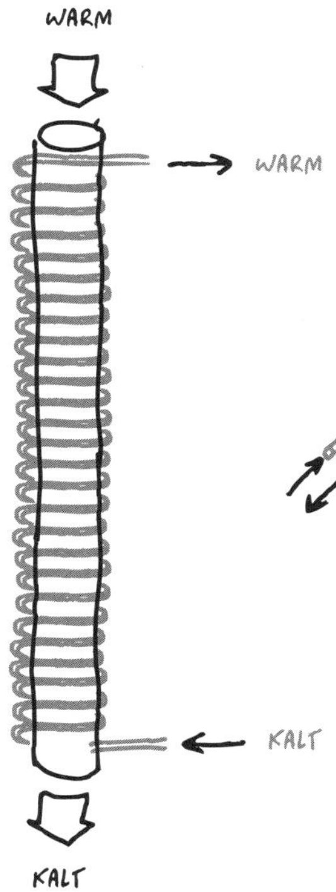

WÄRMERÜCKGEWINNUNG
IN DER DUSCHFLÄCHE

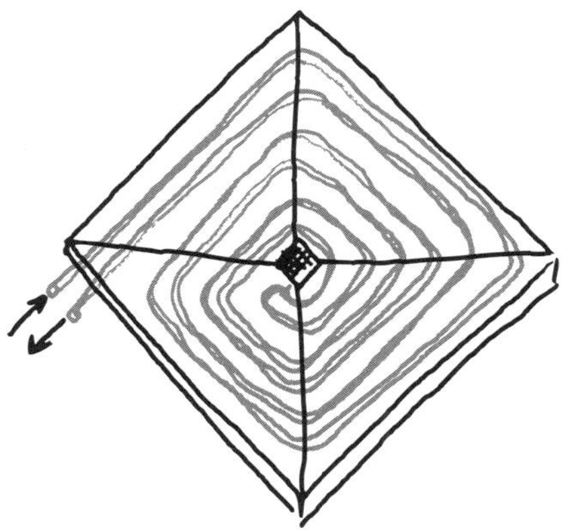

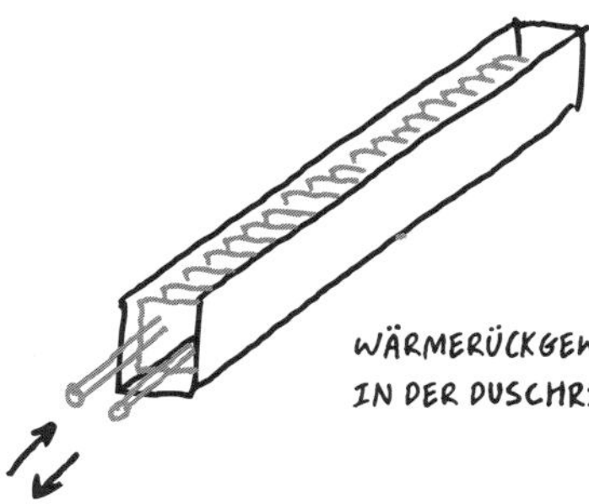

WÄRMERÜCKGEWINNUNG
IN DER DUSCHRINNE

Elektroinstallation

Kabel sind glücklicherweise kaum ein Thema in der architektonischen Planung. Diese haben kleine Querschnitte, sind relativ flexibel und größere Distanzen können auch besser überwunden werden als bei den Sanitär- oder gar Lüftungsinstallationen.

Elektroplanung im Sinne des Architekten besteht in der Regel aus der Anordnung von Schaltern und Verbrauchern.

— Wo werden wie viele Steckdosen benötigt?
— Von welchen Stellen kann der Nutzer das Licht an- und ausschalten?
— Sind sogenannte smarte Systeme oder BUS-Systeme gewünscht?
— Was soll wie überwacht werden können?

Es handelt sich demnach um Layout und Funktionalität. Um diese zu ermitteln, machen wir gern Möblierungs- und Nutzungsvarianten und versuchen so, die am besten geeigneten Orte für Schalter und Dosen zu ermitteln. Natürlich entwickeln sich gerade in der Elektrotechnik, nicht zuletzt aufgrund von Smart-Home-Systemen, die Bedürfnisse ständig weiter. Aber dafür werden auch insbesondere die Datentransporte immer unabhängiger von statischen Kabelinstallationen.

Jedoch gibt es zwei Konstanten, die der Planer wissen muss und auf die ich auf den nächsten Seiten eingehen werde.

Es gibt **Schutzzonen**. Das sind Bereiche, in denen Elektroinstallationen nicht oder nur beschränkt zulässig sind. Siehe Kapitel „Schutzzonen".

Es gibt **Installationszonen**, also Bereiche, in denen man Kabel unter Putz führen darf oder soll. Siehe Kapitel „Installationszonen".

Und zu guter Letzt muss der Architekt die Fachsymbole der Elektroinstallation beherrschen. Entweder um diese zumindest lesen zu können, oder aber besser, um selber Elektropläne erstellen zu können.

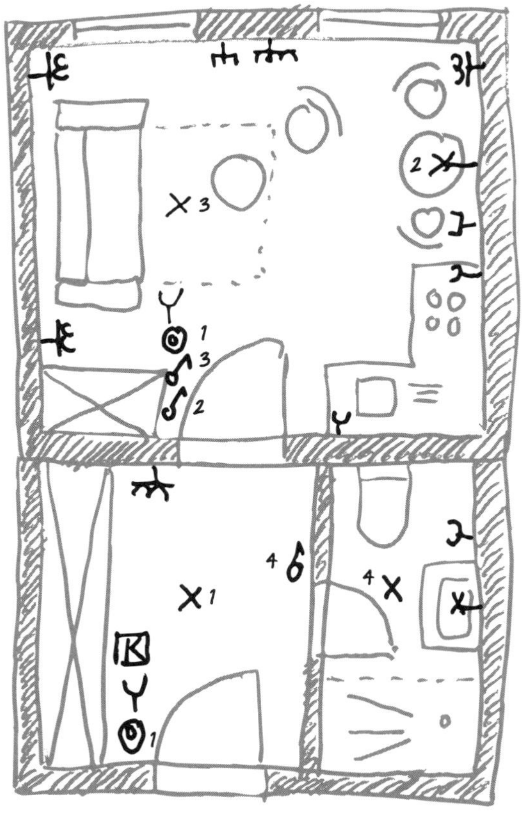

Schutzzonen

Schutzzonen gibt es, um Leib und Leben vor elektrischen Schlägen zu schützen. Da die Verbindung aus Elektrizität und Wasser oft ungesund ist, wurden die Schutzzonen für Nassräume und Spritzwasserbereiche festgelegt.

Die elektrischen Schutzzonen sind in der VDE 0100 geregelt und in vier Bereiche aufgeteilt:

— **Bereich 0** beschreibt den Bereich, in dem sich der Mensch direkt im Wasser befindet. Das sind die Badewanne oder die Duschfläche. Da der Mensch hier selbst nass bzw. sogar im Wasser ist, ist die Gefahr eines tödlichen Schlags sehr hoch. In diesem Bereich sind ausschließlich wasserdichte (so dicht, dass man sie untertauchen darf) Leuchten sowie Festinstallationen zulässig. Keine Steckdosen, keine elektrischen Geräte wie Föhn etc. Die Schutzklasse für eintauchbare, dichte elektrische Geräte heißt IP X7.

— **Bereich 1** beschreibt den Bereich über Badewannen und Duschflächen sowie alle Wandflächen im Umkreis von 60 cm um den Duschkopf. In diesen Bereichen dürfen nur Leuchten verwendet werden, die strahlwasserdicht sind. Diese Schutzklasse heißt IP X5. Hier sind ansonsten nur feste Einbauten zulässig, die ebenfalls strahlwasserdicht sind.

— **Bereich 2** beschriebt den Spritzwasserbereich. Dieser erstreckt sich 60 cm rund um Duschflächen und Badewannen. In diesem Bereich darf man bereits Waschmaschinen anschließen und die Schutzklasse der Leuchten verringert sich auf IP X4.

— **Bereich 3** erstreckt sich bis auf 2,4 m rund um Duschflächen und Badewannen. In diesem Bereich dürfen Steckdosen und Leuchten angeordnet werden, solange sie mit einem FI-Schutzschalter abgesichert werden. FI-Schutzschalter sind sehr reaktionsschnelle Sicherungen, die so schnell den Strom unterbrechen, dass der Mensch keinen tödlichen Stromschlag erleiden kann.

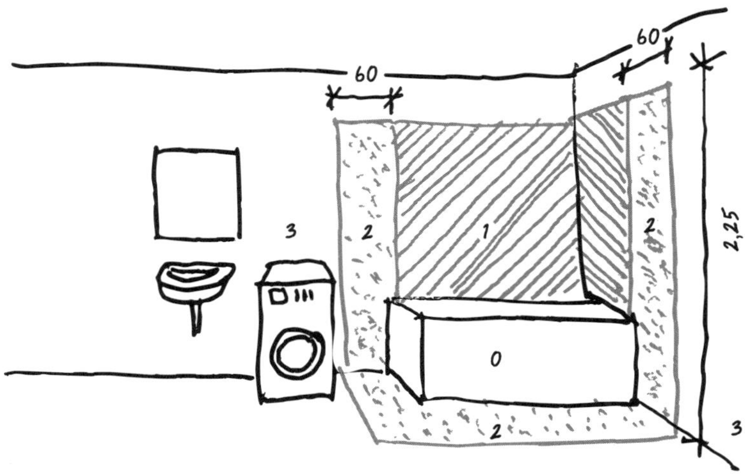
60
60
2,25
3
2
1
2
0
2
3

Installationszonen

Installationszonen dienen auch der Sicherheit der Nutzer. Jedoch werden hier keine technischen Anforderungen an Dosen, Schalter oder Verbraucher gestellt. Auch werden diese nicht abhängig von Gefahrenquellen wie Wasser angeordnet. Bei den Installationszonen handelt es sich vielmehr um eine Ausweisung von Bereichen zur Führung von Unterputzleitungen. Da man diese Leitungen später nicht mehr sehen kann, wurde einfach geregelt, in welchen Bereichen einer Wand Kabel verlegt werden dürfen. Somit weiß jeder, wo er Kabel erwarten darf und wo nicht.

- Grundsätzlich werden Kabel immer horizontal oder vertikal verlegt. Abkürzungen diagonal über Wandflächen sind nicht zulässig. Somit ist jedem sofort klar, dass Kabel von einem Lichtschalter zum Beispiel immer senkrecht nach oben und unten verlaufen.
- Horizontale Kabel werden entweder parallel zur Decke oder zum Boden mit einem Achsabstand von 30 cm geführt. Eine Installationszone hat dabei eine Breite von 20 cm.
- Vertikale Kabelführungen werden entweder in Raumecken oder neben Öffnungen geführt. Dabei haben sie einen Achsabstand zur Ecke oder zur Kante der Öffnung von 15 cm. Auch diese Installationszonen haben eine Breite von 20 cm.
- Leitungen zu Deckenauslässen werden vom Schalter an der Wand senkrecht hochgeführt und von dort aus direkt zum Deckenauslass. So bleibt die Kabelführung nachvollziehbar.
- Kabel für Wandsteckdosen oder Wandauslässe werden grundsätzlich senkrecht nach unten zur nächsten horizontalen Installationszone geführt.
- In Küchen werden Kabel für Wandsteckdosen auf einer Höhe von 1,15 m horizontal verlegt, die Kabel für Steckdosen über Hängeschränken horizontal bei 2,15 m und die Gerätesteckdosen hinter Unterschränken horizontal bei 30 cm.

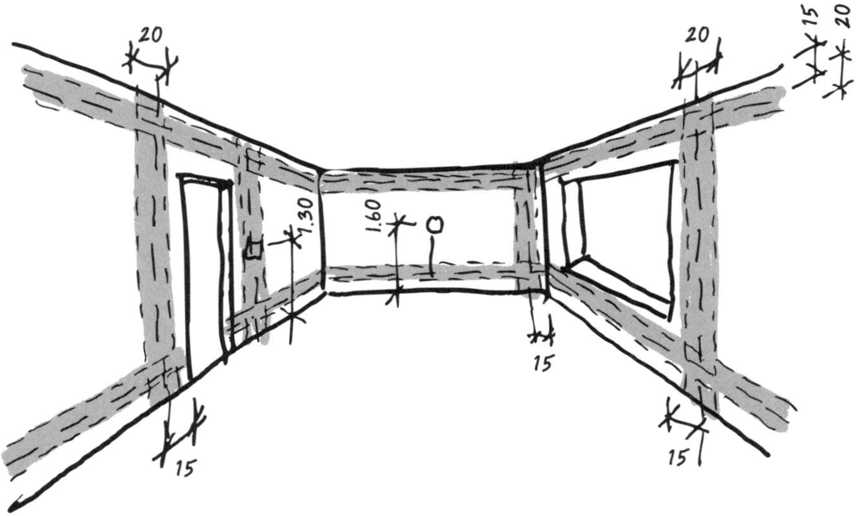
20
20
15
20
1.30
1.60
15
15
15

20
15
20
15

Planzeichen

Die Elektroinstallation hat ihre eigenen Symbole. Die elektrischen Schaltzeichen und Symbole für Schaltpläne sind in der DIN EN 60617 und IEC 60617 geregelt. Die Fülle der Symbole und Schaltzeichen ist groß. Glücklicherweise interessieren den Architekten nur ein paar wenige. Wir können uns hier auf Steckverbinder, Schaltersymbole und Elektrogeräte beschränken.

Die Symbole für **Steckverbinder** beschreiben alle Verbinder von der Steckdose bis zur Netzwerkdose, sprich von Strom bis zu Daten. Dabei existieren im Grunde nur drei Symbole und ein paar wenige Abwandlungen. Die Steckdose gibt es mit und ohne Schutzkontakt. Mehrere Steckdosen werden einfach aneinandergereiht. Die Datendose wird durch Textkürzel spezifiziert. Und ein Relikt mit schwindender Bedeutung ist die Antennendose.

Das Repertoire an **Schaltern,** die wir verwenden, beschränkt sich ebenfalls auf einige wenige. Das sind der Ausschalter, der Serienschalter, der Kreuzschalter und der Taster. Auch von eher schwindender Bedeutung ist der Dimmer, der zunehmend durch dimmfähige Taster ersetzt wird.

Bei den **Elektrogeräten** gibt es für jedes Gerät im Haushalt ein Symbol. Sollte unklar sein, weiches Gerät später mal an einer Position angeschlossen wird, existiert auch ein Symbol, das allgemein ein Elektrogerät ausweist.

Zu erwähnen sind zudem die Symbole aus dem **Schutzbereich.** Schutzschalter sowie die verschiedenen Symbole für die Erdung sollte der Architekt kennen und im Plan identifizieren können.

Das restliche Repertoire an Symbolen beschreibt eher Bauteile der Elektroschaltung und wird in der Gebäudeelektroinstallation nicht verwendet.

Wenn der Architekt selbst Schalter, Steckverbindungen und Lichtauslässe plant, ist es empfehlenswert, Stromkreise zu nummerieren. Nur so weiß später der Installateur, welche Schalter welches Licht schalten.

LICHT

 DECKENAUSLASS

 DECKENEINBAULEUCHTE

 WANDAUSLASS

SCHALTER

 AUSSCHALTER

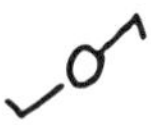 WECHSELSCHALTER

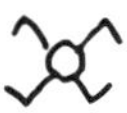 KREUZSCHALTER

 SERIENSCHALTER

 GRUPPENSCHALTER

 DIMMER

 TASTER

DOSEN

 STECKDOSE

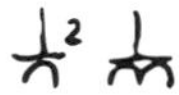 DOPPELSTECKDOSE

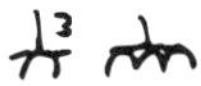 DREIFACHSTECKDOSE

 DATENDOSE

 ANTENNENDOSE

 ERDE

 ELEKTROVERTEILUNG

 HERD

 BACKOFEN

 KÜHLSCHRANK

 GEFRIERTRUHE

 GEFRIER- + KÜHLKOMBINATION

 SPÜLMASCHINE

 WASCHMASCHINE

 TROCKNER

 GEGENSPRECHEINRICHTUNG

Blitzschutz

Der Blitzschutz ist ein Sondergebiet der Elektroinstallation und wird daher zumeist von besonders ausgebildeten Blitzschutzfirmen geplant und ausgeführt. Grundsätzlich empfiehlt sich der Einbau einer Blitzschutzanlage. Sie ist aber nicht immer Pflicht. Öffentliche Gebäude müssen verpflichtend über eine geeignete Blitzschutzanlage verfügen. Einfamilienhäuser jedoch nicht. Der Bedarf ist für jedes Bauprojekt im Einzelfall zu klären.

Eine Blitzschutzanlage basiert im Grunde auf dem Konzept des Faraday'schen Käfigs – eine Erfindung, die auf den Physiker Michael Faraday zurückgeht. Das Prinzip kann man sich so vorstellen: Elektrizität nimmt immer den Weg des geringsten Widerstands direkt in die Erde. Stelle ich also einen Gegenstand oder ein Lebewesen in einen Metallkäfig mit guten elektrischen Leiteigenschaften und lege ich an den Käfig Strom an, so wird der Käfig, sofern er den Boden berührt (man sagt: geerdet ist), den Strom direkt in die Erde ableiten. Schlägt nun ein Blitz ein, wird dieser ebenfalls den schnellsten Weg und damit diesen Käfig als Weg in die Erde wählen. Solange das Objekt im Innern den Käfig nicht berührt, wird der Blitz über ihn um das Objekt herum abgeleitet. Dieses Prinzip funktioniert, solange der Käfig besser leitet als das Objekt im Innern und der Käfig dem Blitz einen höheren Einschlagspunkt bietet als das Objekt.

Dies wird nun auf ein Gebäude übertragen, indem man um das Gebäude herum ein Netz aus gut leitenden Metallstangen errichtet. Dem Gebäude wird ein weitmaschiger Käfig übergestülpt. Damit der Käfig dem Blitz einen direkten und widerstandsfreien Weg bieten kann, wird er geerdet. Um auch ganz sicher einen höheren Einschlagspunkt zur Verfügung zu stellen, erhält er außerdem Fangstangen, die über den höchsten Punkt des Gebäudes und seiner technischen Einrichtungen wie Antennen, SAT-Schüsseln etc. hinausragen.

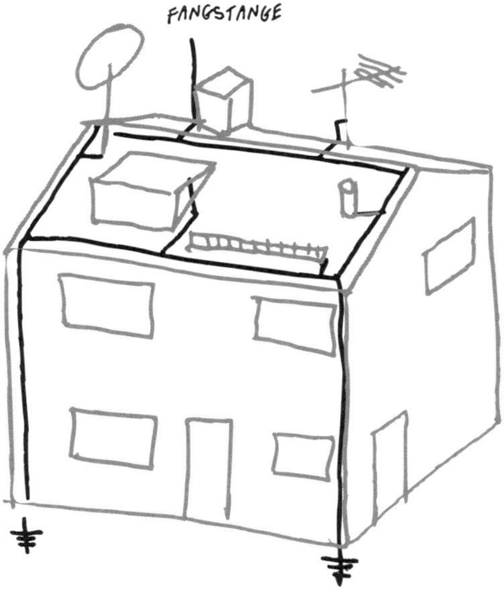
FANGSTANGE

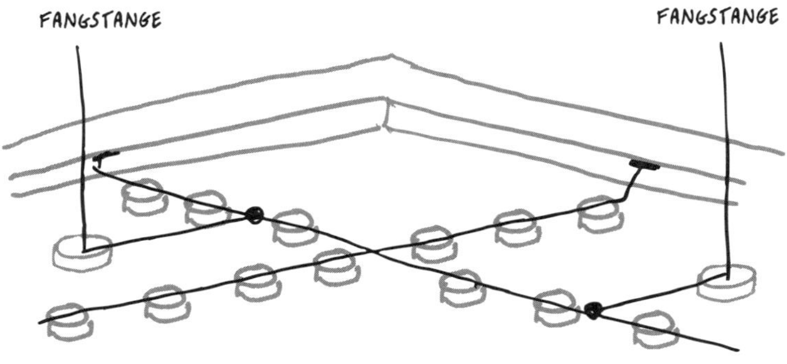
FANGSTANGE
FANGSTANGE

03

Strom nachhaltig

Photovoltaik

Die Photovoltaik macht aus Sonnenenergie Strom. So weit ist wohl alles klar. Dabei gibt es verschiedene Arten von Photovoltaik, die wir in erster Linie nach den verwendeten Materialien unterscheiden. Die bekanntesten sind die auf Silizium basierenden kristallinen Solarzellen. Alternativ können aber auch Solarzellen aus organischen Rohstoffen gefertigt werden. Eine dritte, noch kaum kommerziell eingesetzte Technologie stellen die Farbstoffsolarzellen dar. Diese nutzen im Wesentlichen die Eigenschaften von Naturfarbstoffen wie Chlorophyll zur Stromerzeugung. Die einzelnen Technologien werden auf den folgenden Seiten vorgestellt.

Im Grunde stellt eine Solarzelle Strom her, indem sich in einem geschichteten Aufbau, aufgrund eines sogenannten photoelektrischen Effekts, Elektronen bewegen. Dadurch entsteht ein Gleichstrom.

Die Leistung von Solarzellen wird in der Regel in Kilowatt-Peak (kWp) angegeben. Dies bezeichnet die maximale Stromerzeugung der Solarzelle unter „Laborbedingungen", also mit idealer Ausrichtung, einem wolkenlosen Himmel und keinen Verschattungen. Erreicht wird diese, insbesondere beim Einsatz am Gebäude, eher selten. Um die zu erwartende Stromausbeute abzuschätzen, arbeiten wir daher mit Abminderungen für abweichende Ausrichtungen.

Dabei betrachten wir zum einen die Himmelsrichtung. Weicht diese von der Südausrichtung (auf der Nordhalbkugel) ab, erhalten die Solarmodule weniger Sonnenstunden. Zum anderen betrachten wir den Anstellwinkel. Ideal wird für Photovoltaik ein Winkel von 30° verwendet. Wobei flachere Winkel weniger problematisch sind als steilere.

Für Flachdächer haben sich sogenannte Ost-West-Aufstellungen durchgesetzt. Diese Aufstellung vermeidet gegenseitige Verschattung der Elemente, wird sehr flach angesetzt und führt kaum zu Verlusten gegenüber der bei 30° aufgestellten Südausrichtung. Ein weiterer Vorteil der flachen Ost-West-Aufstellung ist, dass die Module vom Boden aus kaum bis gar nicht zu sehen sind.

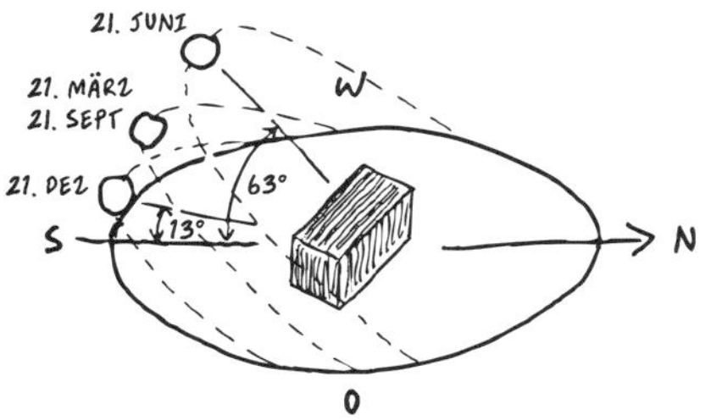

BERLIN
21. DEZEMBER 7,5 SONNENSTUNDEN
21. JUNI 16 SONNENSTUNDEN

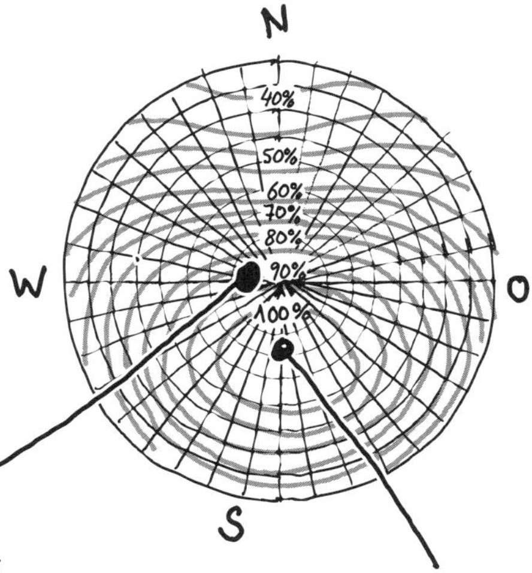

OST-WEST BEI 10° NEIGUNG
=> 95% EINSTRAHLUNG

SÜD BEI 30° NEIGUNG
=> 100% EINSTRAHLUNG

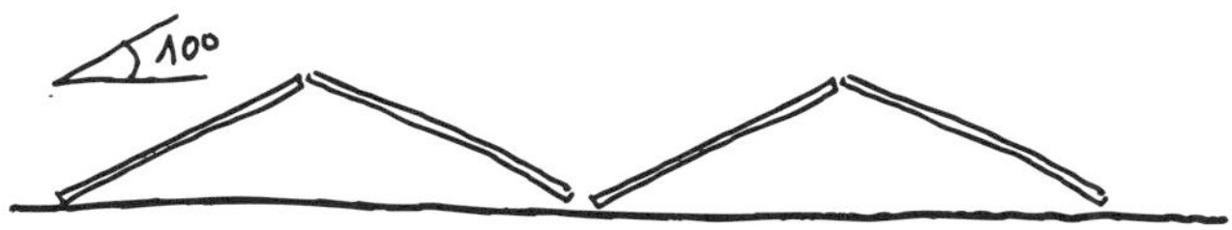

OST-WEST-AUFSTELLUNG

5% GERINGERE EFFIZIENZ JE M² SOLARMODUL
MEHR MODULE MÖGLICH

SÜDAUFSTELLUNG

HÖHERE EFFIZIENZ JE M² SOLARMODUL
WENIGER MODULFLÄCHE

Siliziumsolarzellen

Die aktuell effizienteste Technologie im Bereich der Photovoltaik ist die kristalline Solarzelle. Für die Herstellung benötigt man vorwiegend Silizium, also Quarzsand, der dann mit Zusatzstoffen wie Aluminium, Bor oder Phosphor vermengt und zu kristallinen Gitterstrukturen gebracht wird. Dieses Verfahren benötigt leider in der Herstellung Energie.

Bei dieser Zelle wird noch einmal zwischen zwei Kategorien unterschieden: die monokristalline und die polykristalline Solarzelle. Optisch lassen sich diese gut auseinanderhalten. Während die monokristalline Zelle als homogen einfarbige Platte erscheint, wirkt die polykristalline eher wie ein zusammengepresster Scherbenhaufen.

Die monokristalline Solarzelle ist effizienter, aber auch teurer. Aktuell wird bei idealer Sonneneinstrahlung von einer Effizienz von im Schnitt etwa 20–25 % ausgegangen. Das heißt, dass diese Solarzellen aus 100 kWh Sonnenenergie etwa 20–25 kWh Strom erzeugen können.

Die polykristalline Solarzelle hingegen ist etwas kostengünstiger. Jedoch hat sie Schwächen in puncto Effizienz. Sie hat nur noch rund 15–20 % Stromausbeute. Dafür bietet sie neben dem günstigeren Preis ein paar weitere Vorteile für den Gestalter. Sie kann in größeren Radien auch gebogen ausgeführt werden und es gibt sie in verschiedenen Farben.

Weniger üblich in der Produktion von Solarzellen sind mikrokristalline und amorphe Siliziumstrukturen.

Die Verwendung von Quarzsand zur Herstellung von sogenannten Solarwafern – der Begriff bezeichnet die Solarzelle – geht dank gesteigerter Effizienz und damit immer dünner werdenden Aufbauten zurück. Dennoch ist der notwendige Einsatz von Bor und Phosphor sowie Aluminium weiterhin kritisch zu sehen.

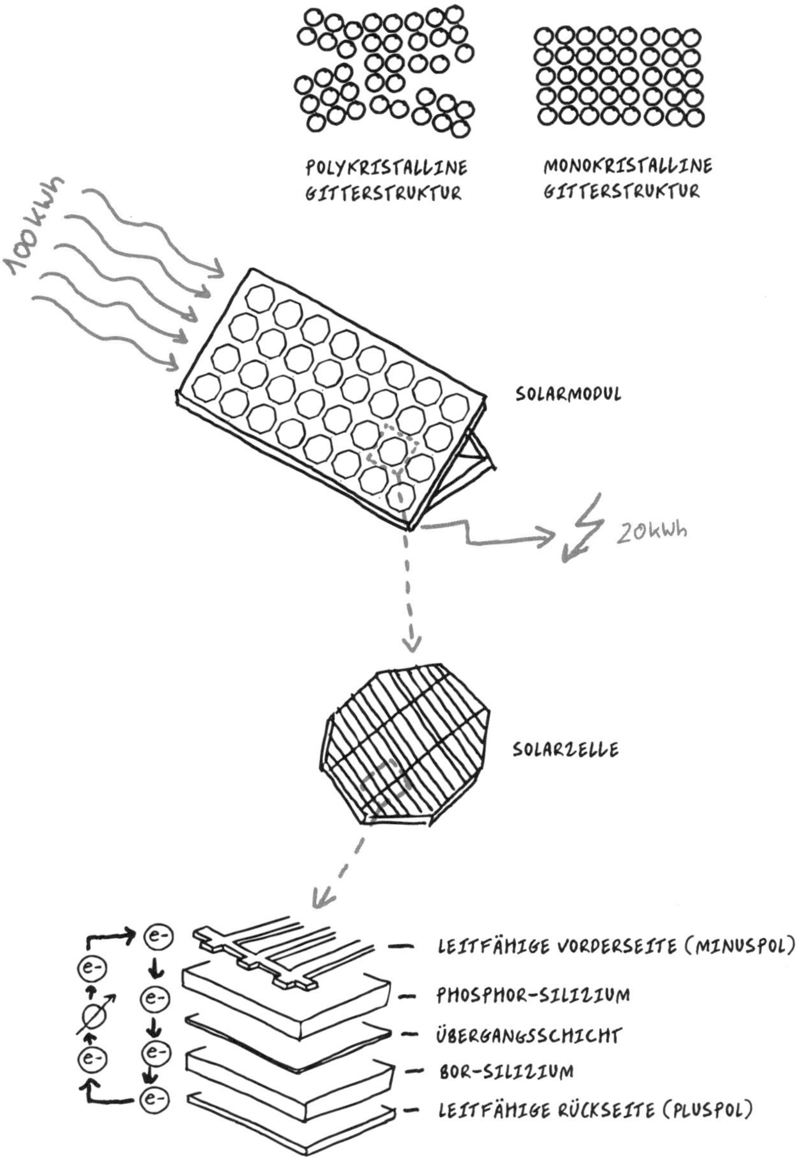
POLYKRISTALLINE GITTERSTRUKTUR
MONOKRISTALLINE GITTERSTRUKTUR
100kWh
SOLARMODUL
20kWh
SOLARZELLE
e-
LEITFÄHIGE VORDERSEITE (MINUSPOL)
PHOSPHOR-SILIZIUM
ÜBERGANGSSCHICHT
BOR-SILIZIUM
LEITFÄHIGE RÜCKSEITE (PLUSPOL)

Organische Solarzellen

Organische Solarzellen erreichen zwar nicht dieselbe Effizienz wie Zellen aus Silizium, haben aber dafür andere spannende Eigenschaften. Organische Photovoltaik kann sehr dünn und sogar auf flexiblen Folien hergestellt werden. So kann diese auf textiler oder auch transparenter Architektur zur Anwendung kommen.

Statt Quarzsand sind die Grundlage für die Herstellung der organischen Solarzelle, wie der Name bereits vermuten lässt, Kohlenwasserstoffverbindungen. Zur besseren Einordnung sei gesagt, dass diese wohl eher unter dem gängigeren Namen Kunststoffe bekannt sind. Diese besonderen Kunststoffe werden durch das Sonnenlicht in angeregte Zustände versetzt, was dazu führt, dass auch hier Elektronen anfangen, sich von einer Schicht in eine andere zu bewegen. Das Ergebnis ist auch hier Gleichstrom.

Die Effizienz der organischen Solarzellen liegt bei 10–15 %. Sprich, aus 100 kWh Sonnenenergie werden nur 10–15 kWh Strom erzeugt. Dafür sind die Herstellungskosten sehr viel geringer als bei der kristallinen Solarzelle. Auch wird für die Herstellung weniger Energie benötigt, was die Umweltbilanz erheblich verbessert.

Die Flexibilität sowie die Transparenz ermöglichen ein größeres Einsatzspektrum und machen die Technologie daher architektonisch sehr spannend.

Größter Wermutstropfen ist die Haltbarkeit organischer Solarzellen – insbesondere wenn die Verbindungen dem Sonnenlicht ausgesetzt sind, was jedoch genau deren Einsatzgebiet ist.

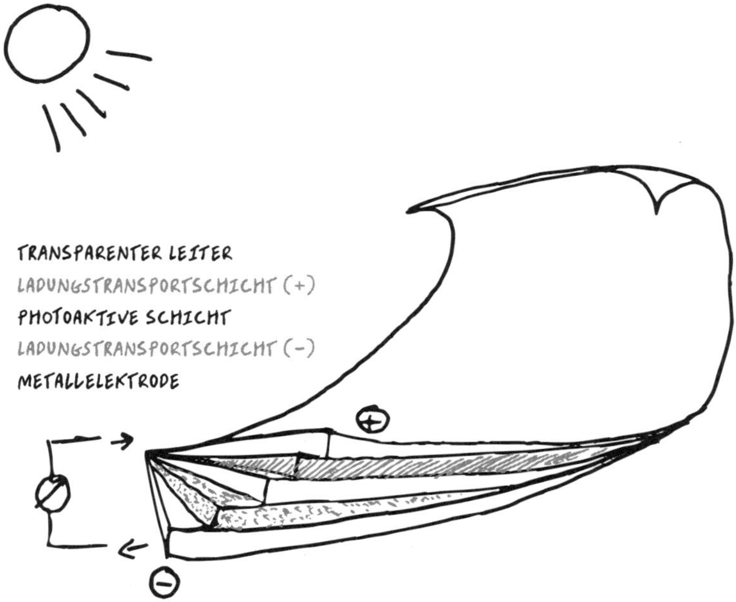
TRANSPARENTER LEITER
LADUNGSTRANSPORTSCHICHT (+)
PHOTOAKTIVE SCHICHT
LADUNGSTRANSPORTSCHICHT (-)
METALLELEKTRODE

Farbstoffsolarzellen

Die Farbstoffsolarzelle oder auch Grätzel-Zelle, benannt nach ihrem Erfinder Michael Grätzel, nimmt sich die Natur zum Vorbild. Bei dem Prozess der Photosynthese reagiert Blattgrün (Chlorophyll) auf die Sonneneinstrahlung und nutzt die Sonnenenergie, um CO_2 in Kohlenstoff und Sauerstoff aufzuspalten. Bei diesem Prozess entstehen jedoch ein paar Nebenprodukte. So wird Wasser verdunstet, aber auch Strom erzeugt. Diese Eigenschaft der Pflanzenfarbstoffe macht sich die Farbsolarzelle zunutze. Der Pflanzenfarbstoff reagiert auf Sonneneinstrahlung mit der Abgabe von Elektronen. Um diese dann in Bewegung zu versetzen, wird ein zweites Element benötigt, das die Elektronen aufnehmen kann. Diese Aufgabe übernimmt eine Titandioxidschicht. Nun benötigt man auf beiden Seiten der Zelle einen Leiter, bevor ein Verbraucher angeschlossen werden kann und der Strom fließt.

Die Pflanzenfarbstoffe werden mittlerweile synthetisch hergestellt, sind aber immer noch umweltfreundlich. Und hier liegt neben den geringen Herstellungskosten schon der größte Vorteil: Die Rohstoffe sind umweltverträglich. Farbsolarzellen können, wie die organischen Solarzellen, transparent und flexibel hergestellt werden. Und ein weiterer Vorteil: Sie sind weniger abhängig von der Ausrichtung, nutzen diffuses und sogar künstliches Licht besser als alle anderen Zellen.

Nachteile dieser Technologie sind die bisher noch geringe Haltbarkeit der Farbstoffe sowie eine geringe Effizienz. Farbsolarzellen haben unter Laborbedingungen einen Nutzungsgrad von 3–10 %. Sprich, sie können aus 100 kWh Sonneneinstrahlung gerade einmal 3–10 kWh Strom erzeugen.

Auf dem Markt sind diese Zellen 2023 noch kaum erhältlich und werden auch nicht in so großen Mengen produziert. Daher ist es bislang etwas schwierig, diese in Bauprojekten mit einzuplanen.

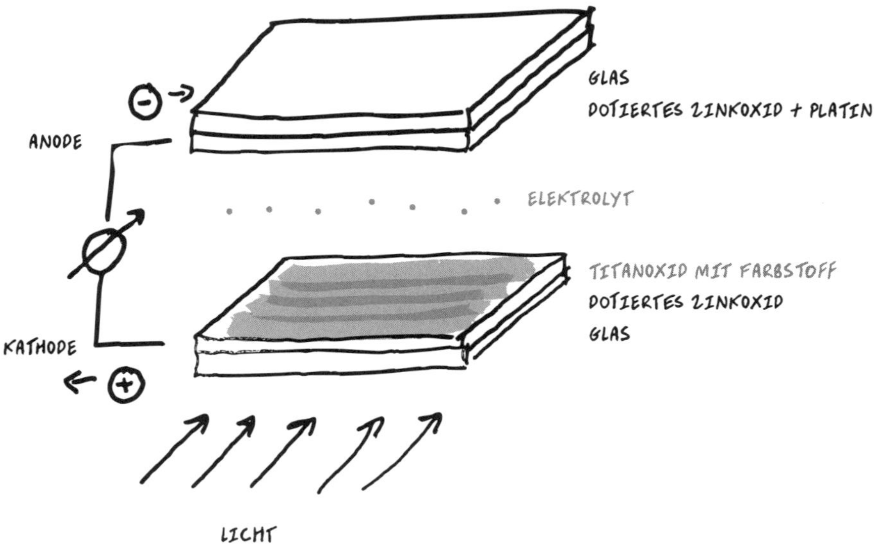
GLAS
DOTIERTES ZINKOXID + PLATIN
ANODE
ELEKTROLYT
TITANOXID MIT FARBSTOFF
DOTIERTES ZINKOXID
GLAS
KATHODE
LICHT

Hybride Solarmodule

Der erste Hauptsatz der Thermodynamik lehrt uns, dass Energie nicht verloren geht oder vernichtet werden kann. Wenn also eine Photovoltaik-Solarzelle nur je nach Bauart 10 bis 22 % der Sonnenenergie in Strom umwandelt, muss der Rest in einer anderen Energieform vorliegen. Und genau das ist der Fall. Die restlichen 78–90 % der Sonnenenergie werden in Wärme umgewandelt.

Um diese Wärme nutzbar zu machen, wurden hybride Solarpaneele entwickelt. Sie bestehen im Wesentlichen aus zwei Schichten: Die obere ist eine Photovoltaikzelle. Diese erzeugt aus rund 20 % der Sonneneinstrahlung Strom. Darunter wird ein Plattensolarkollektor angebracht. Durch ihn läuft eine Trägerflüssigkeit, die die restlichen 80 % Sonnenenergie in Form von Wärme einsammelt. **Diese Module werden auch als PVT(PhotoVoltaikThermie)-Module abgekürzt.**

Auf den ersten Blick sind diese Module viel effizienter. Sie können auf derselben Fläche Strom und Wärme erzeugen und nutzen so mehr Sonnenenergie als jede der Einzelfunktionen. Doch so einfach ist das nicht. Photovoltaik verliert mit steigender Modultemperatur an Effizienz. Je Grad Celsius, um das sich ein Photovoltaikmodul erwärmt, sinkt die Effizienz um ca. 0,5 %. Wenn nun die Rückseite nicht mehr luftumspült ist, sondern sich dort eine Kiste mit einem Wärmetauscher befindet, steigt die Temperatur schneller an. Dies stellt kein Problem dar, solange die Solarthermie diese Wärme abführt und damit das Modul kühlt. Jedoch benötigt man in der Regel sehr viel kleinere Solarthermie- als Photovoltaikflächen, da man diese Mengen an Wärme nicht nutzen kann. So hat sich gezeigt, dass die Hybridmodule die üblichen Wärmespeicher schon im Laufe des Vormittags füllen und dann keine Wärme mehr abtransportieren. Daher erreichen sie um die Mittagszeit häufig deutlich mehr als 100 °C Kollektortemperatur. Damit fällt die Leistung dieser Module in der Stromproduktion in der Hauptertragszeit auf etwa 20 %.

Hybridmodule sind eine theoretisch hocheffiziente Technologie, wenn man einen Weg findet, die Wärme in entsprechend große Speicher oder an ausreichend viele Abnehmer abzuführen. Für die Industrie oder die Dekarbonisierung der Fernwärme könnte das spannend sein.

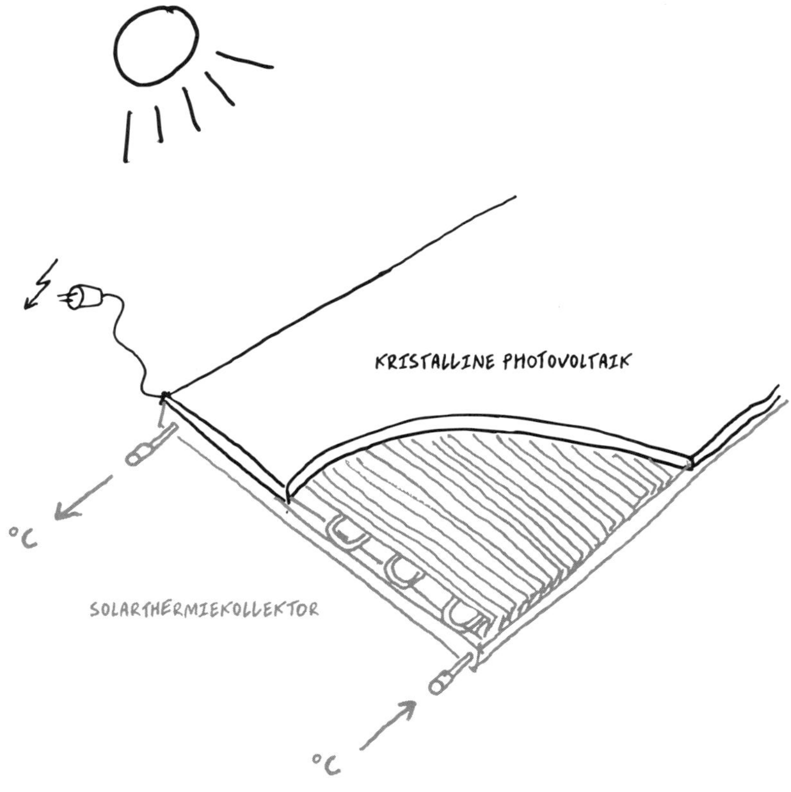
KRISTALLINE PHOTOVOLTAIK
°C
SOLARTHERMIEKOLLEKTOR
°C

Windkraft

Neben der direkten Nutzung der Sonnenenergie kann auch der Wind als Nebenprodukt zur Erzeugung von Strom genutzt werden. Die großen Windräder offshore oder auf dem Land sind hier für den Planer eher uninteressant. Aber Kleinwindanlagen direkt am Gebäude sind eine Option, die mehr und mehr an Bedeutung gewinnt.

Wir unterscheiden hier zwischen verschiedenen Bauarten von Windrädern. Dabei lassen sich die Windräder in zwei Hauptkategorien unterteilen: jene mit horizontalen Rotorachsen und jene mit vertikalen Rotorachsen.

Die Windräder mit horizontalen Rotorachsen kennen wir auch von den großen Windkraftanlagen. Diese Anlagen sind wirtschaftlich aktuell das Maß der Dinge. Sie sind effizienter als vertikale Windkraftanlagen. Für den Einsatz am Gebäude oder im Stadtraum gibt es Klein- und Mikrowindanlagen mit horizontalen Rotorachsen in verschiedensten Ausführungen. Dennoch haben diese gerade für den Einsatz im urbanen Raum Nachteile. Gern wird gegen diese Anlagen mit dem sich ständig bewegenden Schatten und der Geräuschentwicklung argumentiert.

Die vertikalen Windkraftanlagen finden wir eher im urbanen Raum und in der direkten Architekturintegration. Diese Anlagen haben eine geringere Effizienz, sind dafür aber unscheinbarer und lassen sich leichter gestalterisch in Stadtraum und Architektur integrieren. Grundsätzlich eignen sich Vertikalläufer besser für Gegenden mit turbulenten Windverhältnissen, haben geringere Schallemission und erfahren aufgrund ihrer Erscheinung eine höhere Akzeptanz bei den Menschen.

Die Vertikalläufer gibt es in verschiedensten Ausführungen.
Die drei häufigsten Einordnungen sind:

- Savonius-Rotor
- Darrieus-Rotor
- H-Rotor

TURBINE

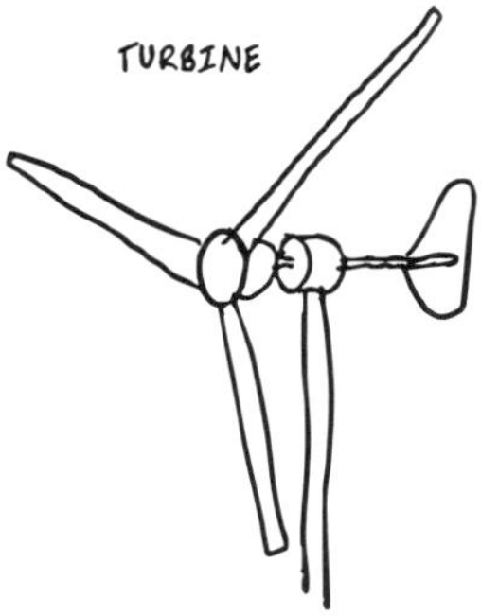

DARRIEUS

H-DARRIEUS ODER H-ROTOR

MANTELTURBINE

SAVONIUS

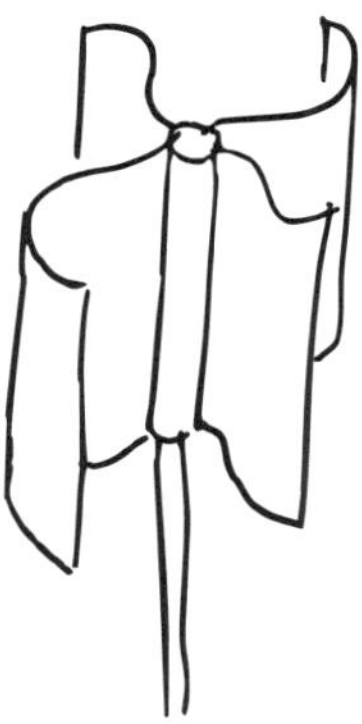

Aufwind

Windkraftnutzung im urbanen Raum ist nicht ganz einfach. Die Anlagen müssen über die Dächer hinausragen und erfahren wenig Akzeptanz bei den Anwohnern. Es gibt aber Entwicklungen, die Aufwinde an Fassaden nutzen. Auch sie sind im Stadtraum nicht überall einsetzbar, stellen aber eine interessante Alternative zu den aufgestellten Vertikal- oder Horizontalwindkraftwerken dar.

Die Physik dahinter ist einfach. Wind muss grundsätzlich um Hindernisse herum. Dabei besagt die Physik, dass jedes, ich nenne es mal Partikel des Windes zur selben Zeit auf der anderen Seite eines Hindernisses ankommen muss wie sein Nachbarpartikel. Ein Windpartikel, das am Hindernis vorbeiweht, hat aber eine viel kürzere Strecke zurückzulegen als eines, das auf das Hindernis trifft und dann um es herumwehen muss. Daher wird Wind, der auf ein Hindernis, wie eine Häuserfassade, trifft, automatisch schneller, um den ungehinderten Wind auf der anderen Seite wieder einzuholen. Wir haben also an Fassaden, die in Windrichtung stehen, höhere Windgeschwindigkeiten als auf freier Fläche. Hier steigen die Winde an der Fassade hoch (Aufwind). Diese höheren Geschwindigkeiten kann man mittels Windkraftanlagen direkt an der obersten Gebäudekante nutzen.

Auch für solche Fassaden-Windstromanlagen gibt es verschiedene Ausführungen. Man kann hier ebenfalls mit Rotationsachsen längs oder quer zur Windrichtung arbeiten. Diese Technik lässt sich, früh mitgedacht, gut architektonisch integrieren und kann damit unauffälliger als andere Windkraftanlagen eingesetzt werden. Eine sinnvolle Position des Gebäudes im Stadtraum und in Hauptwindrichtung sollte dabei gegeben oder geplant werden. Auch sollten die Gebäude eine gewisse Höhe erreichen, damit nennenswerte Windgeschwindigkeiten entstehen.

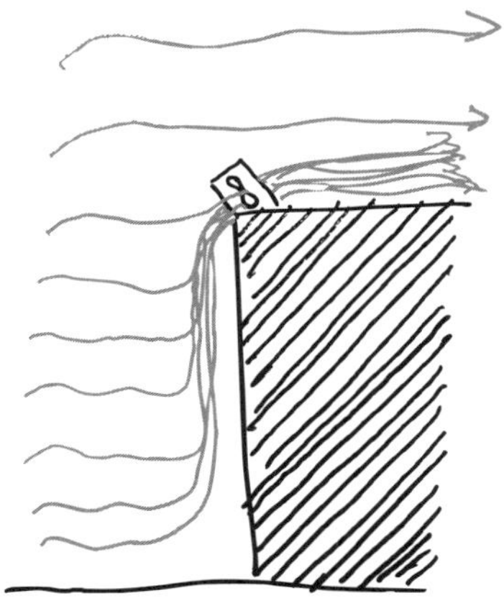

WIND WIRD DURCH HINDERNIS BESCHLEUNIGT
UND UMSTRÖMT DAS GEBÄUDE

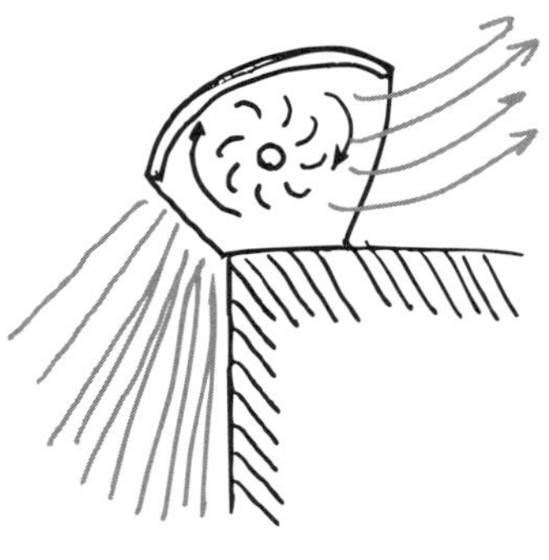

RADIALTURBINE AUF DEM DACHRAND

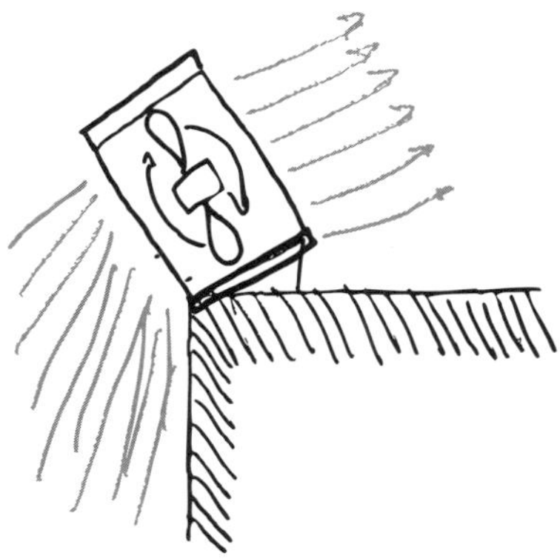

AXIALTURBINE AUF DEM DACHRAND

Windkraft ohne Turbine

Windkraftanlagen erfahren viel Kritik. Da gibt es die ästhetischen Fragen. Dann die negativen Einflüsse auf den Menschen durch Geräusche und wandernde Schatten. Hinzu kommt, dass hin und wieder Vögel in die Rotorblätter geraten und dabei ums Leben kommen. Es gibt jedoch eine Windkrafttechnologie, die ohne bewegliche Teile auskommt. Das EWICON ist noch in der Entwicklung und erreicht bis heute nicht die Effizienz von Turbinen, ist aber eine viel versprechende Alternative, der hier ein Absatz gewidmet werden soll.

Das EWICON wurde an der Universität in Delft in Zusammenarbeit mit dem Architektur- und Ingenieurbüro Mecanoo entwickelt. Die Idee lässt sich verkürzt wie folgt beschreiben: Wenn sich aufgeladene Teilchen voneinander wegbewegen, entsteht eine Spannung. Schließt man einen Verbraucher an, so fließt Strom. Und genau das macht das EWICON. Innerhalb der Fläche des EWICON wird ein Nebel versprüht. Dieser Nebel wird elektrisch aufgeladen. Wenn nun die Wasserteilchen des Nebels durch den Wind des EWICON wegtransportiert werden, entsteht eine Spannung und der Strom kann fließen. Einmal initiiert, kann dieser Zustand dauerhaft aufrechterhalten werden.

Die Technologie hat bereits die Fantasie von Planern und Architekten angeregt. Sollte sie skalierbar werden, könnte sie eine Ergänzung zur Turbine darstellen.

Eine weitere Alternative sind Windstangen. Diese schwingen im Wind und generieren Strom aus der Pendelbewegung. Hier wird ein sogenannter piezoelektrischer Effekt genutzt, um aus den Bewegungen der Stangen Strom zu gewinnen. Die Anlagen sind kostengünstiger herzustellen und haben weniger Einfluss auf ihre Umgebung. Dafür ist auch hier die Effizienz erheblich geringer als bei den klassischen Windrädern mit Turbinen.

ELECTROSTATIC WIND ENERGY CONVERTER

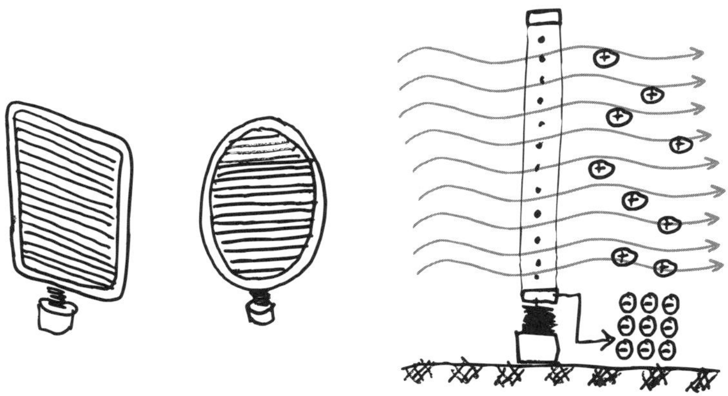

VORTEX-INDUCED VIBRATION RESONANT WIND GENERATOR

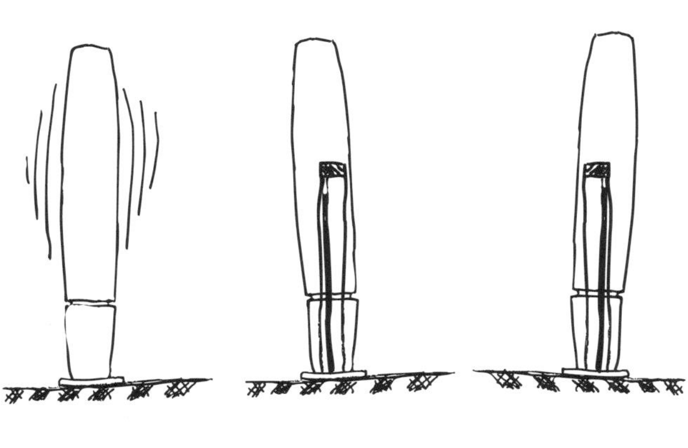

Wasserkraft

Wir kennen die Nutzung der Wasserkraft zur direkten mechanischen Umsetzung von der Wassermühle schon sehr lange. Ursprünglich entwickelt, um mechanische Prozesse innerhalb von Getreidemühlen, Rührwerken usw. anzutreiben, liegt ihr großer Vorteil gegenüber der Windmühle in der zuverlässigen Energiequelle. Denn das Wasser in den Flüssen fließt, wenn es nicht vereist ist, relativ konstant. Der Nachteil der Nutzung von Wasserkraft hingegen ist in der geringen Verfügbarkeit brauchbarer Standorte zu sehen.

Aber auch Strom lässt sich mittels Wasserkraft gut erzeugen. Dabei bleibt das Prinzip dasselbe. Es wird nur statt eines mechanisch arbeitenden Geräts ein Transformator an das Rad angeschlossen. Eine ehemalige Wassermühle lässt sich so sehr leicht in ein kleines Wasserkraftwerk umfunktionieren.

Doch auch ohne eine alte Wassermühle kann man die Kraft eines Flusses nutzen. Wasserkraftanlagen gibt es als schwimmende Turbinen, die in einen Flusslauf gehängt werden können. Am Boden verankert oder an Brückenbauteilen befestigt, werden diese dann dauerhaft mit Wasser durchströmt und liefern auf zuverlässige Art Strom.

Weniger interessant für den Architekten, aber dennoch hier ebenfalls kurz erwähnt, seien die Gezeitenkraftwerke. Auch in ihnen bewegt sich Wasser durch eine Turbine. Jedoch strömt hier, durch Ebbe und Flut angetrieben, das Wasser in zwei Richtungen hindurch. Solche Anlagen können im urbanen Raum eher nicht verwendet werden, stellen aber an der Küste durchaus interessante Möglichkeiten dar.

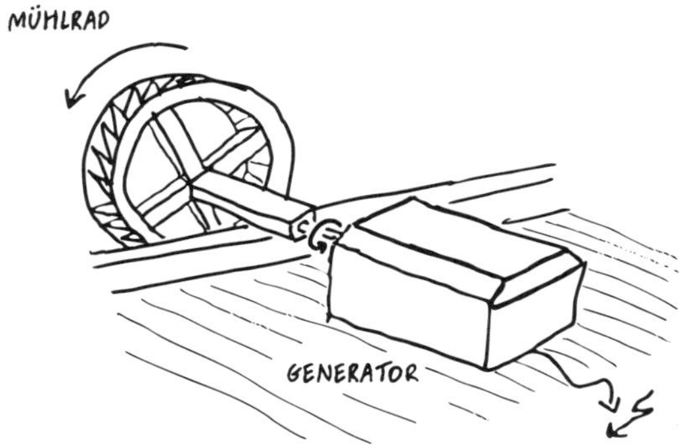
MÜHLRAD
GENERATOR

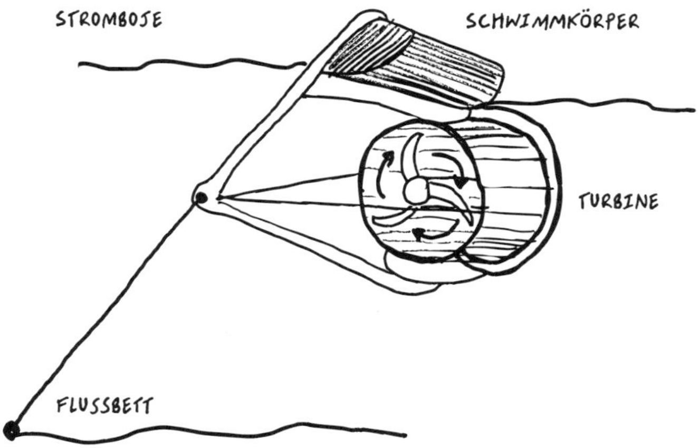
STROMBOJE
SCHWIMMKÖRPER
TURBINE
FLUSSBETT

Batteriespeicher

Erneuerbare Energien werden hauptsächlich aus Sonnenenergie gewonnen. Geringe Anteile kommen im Fall der Wasserkraft aus der Mondanziehung oder der Schwerkraft. Nun haben wir aber auf der Erde keine Orte, an denen immer die Sonne scheint oder pausenlos der Wind weht. Insbesondere wenn wir von der Integration erneuerbarer Energiegewinnung dezentral am Gebäude reden, sind die Zeiten, in denen keine Energie gewonnen werden kann, erheblich. Es wird auch häufig von den Dunkelflauten gesprochen. Die Abhängigkeiten von Sonne und Wind machen es notwendig, Energieüberschüsse aus Hauptertragszeiten für weniger ertragreiche Zeiten zwischenzuspeichern.

Die bekannteste Form des Stromspeichers ist die Batterie. Batterien wie der Bleiakku (Autobatterien), Lithium-Ionen-Akku, Zink-Kohle-Akku oder Alkali-Mangen-Akku werden überall in unserem täglichen Leben eingesetzt. Und auch für Stromspeicher von Solaranlagen ist die klassische Batterie aktuell die gängige Technik. Solche Batterien speichern Strom in chemischen Prozessen, die beim Abrufen des gespeicherten Stroms rückgängig gemacht werden. Diese Technologie hat zwei Nachteile. Zum einen sinkt die Kapazität einer Batterie mit jedem Ladezyklus. Aber vor allem werden für alle aktuell auf dem Markt erhältlichen Batterien giftige Stoffe wie Schwermetalle, Säuren sowie seltene Erden und andere nicht nachhaltig gewonnene Rohstoffe benötigt.

Mittlerweile haben Batterien glücklicherweise mehrere Lebenszyklen. Sie werden, wenn sie für eine Nutzung mit hohem Anspruch nicht mehr ausreichen, nicht sofort entsorgt, sondern erhalten eine Aufgabe, für die ihre Leistungsfähigkeit noch ausreicht. So kommt es, dass sich Batterien aus Elektroautos im Anschluss noch immer hervorragend als Solarspeicher in Gebäuden eignen.

Ihr Vorteil liegt in einem geringen Platzbedarf, einer aktuell guten Verfügbarkeit und ihrer Zuverlässigkeit.

ZINK-KOHLE-BATTERIE

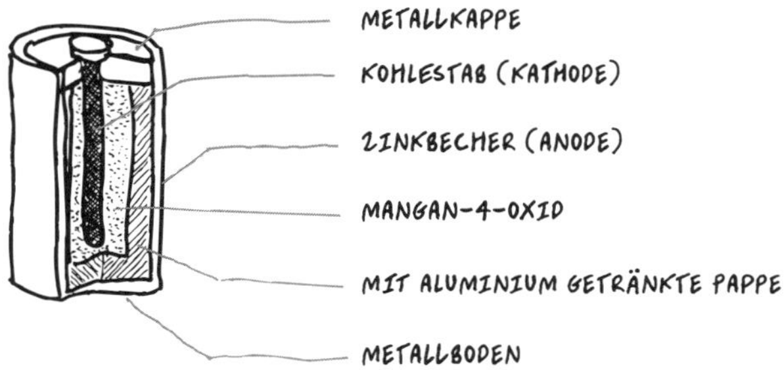

ALKALI-MANGAN-BATTERIE

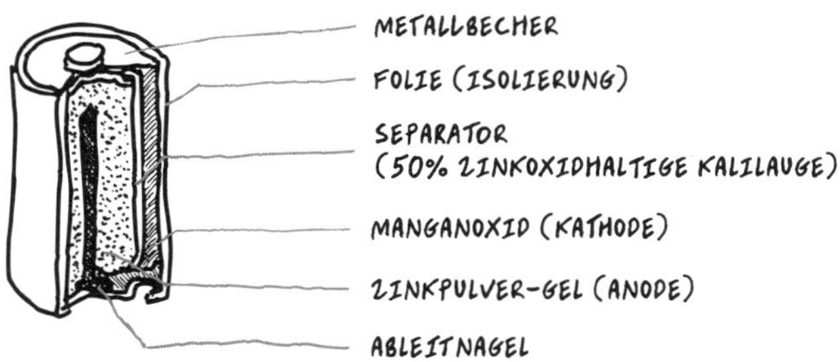

LITHIUM-IONEN-BATTERIE

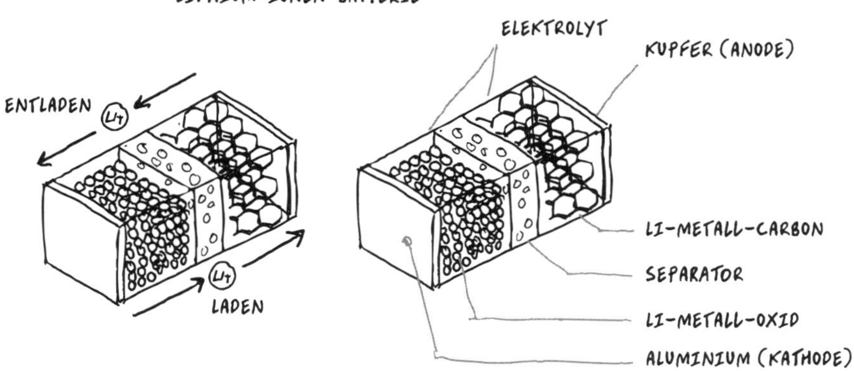

Mechanische Speicher

Neben der als Batterie bekannten elektrochemischen Speicherung von Strom gibt es auch andere, mechanische Lösungen, Energie zu speichern und wieder abzurufen. Jeder weiß, wenn er ein Gummiband dehnt, wird dieses in seine Ausgangslage zurückspringen, sobald man es loslässt. Bei diesem Prozess wird Muskelkraft in einem Stoff gespeichert und beim Loslassen wieder abgerufen. Etwas Ähnliches passiert, wenn eine Uhr aufgezogen wird. In diesem Fall wird eine Feder gespannt und gibt anschließend die eingebrachte Energie an das Uhrlaufwerk wieder ab.

Bei einer Pendeluhr werden Gewichte hochgezogen. Diese sinken anschließend wieder zu Boden und treiben dabei ein Uhrwerk an. Hier wurde Energie entgegen der Schwerkraft aufgewendet, um sie in Lageenergie umzuwandeln. Diese kann im Anschluss zurückgeholt werden.

Prinzipien solcher Art sind schon sehr lange bekannt. Die Pendeluhr mit Gewichten als Antrieb wurde bereits im 17. Jahrhundert erfunden. Und genau diese Prinzipien, Lageenergie und Energie in Materialen, lassen sich auch zur Speicherung von überschüssigem nachhaltigem Strom anwenden.

Schon seit langer Zeit wird Lageenergie in Pumpspeichern verwendet. Wasser wird von überschüssigem Strom auf ein höheres Niveau gepumpt und bei Strombedarf durch Turbinen wieder abgelassen. Ein ähnliches Prinzip kommt zum Tragen, wenn man mittels Verdrängung von Wasser Gewichte in einem Behälter anhebt. Hier drückt anschließend bei Bedarf durch Turbinen das Gewicht das Wasser wieder aus dem Behälter heraus.

Noch direkter sind Speicher, die einfache Gewichte mit einem Elektromotor anheben und bei Bedarf wieder ablassen. Auch hier wird in den Gewichten Lageenergie gespeichert, da diese gegen die Schwerkraft angehoben wurden. Es gibt bereits Konzepte, solche Speicher in Hochhäusern, in Schächten ähnlich den Fahrstuhlschächten, zu integrieren.

PRINZIP PUMPSPEICHER

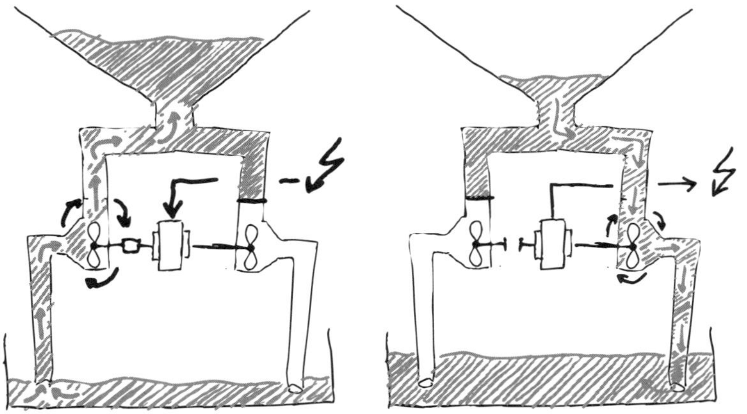

PUMPBETRIEB (SPEICHERN) GENERATORBETRIEB

PRINZIP SPEICHER IN GEWICHT ($E_{POT} = m \times g \times h$)

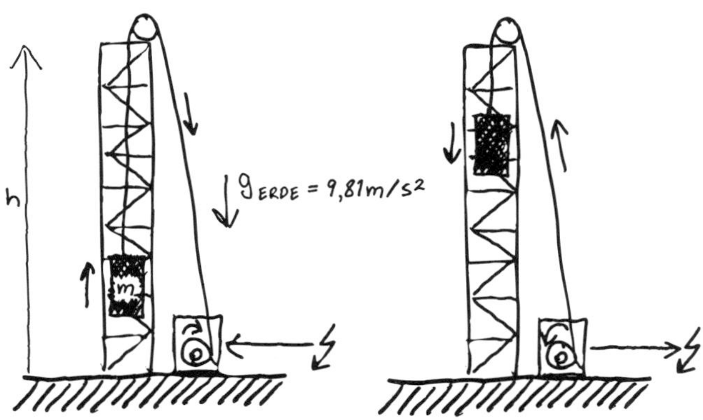

HEBEN (SPEICHERN) ABLASSEN (GENERATOR)

Speicher Wasserstoff

Schon eine Weile wird Wasserstoff als Energiequelle der Zukunft gehandelt. Aber genau genommen – da Wasserstoff auf unserem Planeten nicht vorkommt und auch aufgrund seiner Flüchtigkeit nur aufwendig erzeugt werden kann – ist dieses Gas ein Energiespeicher. Wasserstoff ist ein Treibstoff, der mit hohem Energieaufwand von Wasser abgespalten wird. Dieser Prozess heißt Elektrolyse. Dabei entstehen Wasserstoff und Sauerstoff. Lässt man den Wasserstoff in einer Brennstoffzelle wieder mit Sauerstoff reagieren, wird vorher in den Spaltungsprozess hineingebrachte Energie wieder frei und es entsteht Wasser. Leider ist dieser Treibstoff extrem flüchtig, daher schwer zu transportieren, noch schwerer zu lagern und hoch explosiv. Außerdem können nur 70 % der Energie, die bei der Elektrolyse hineingegeben werden, auch wieder zurückgewonnen werden.

Wasserstoff wird in fünf Kategorien unterteilt:

- **Grüner Wasserstoff:** durch Elektrolyse ausschließlich mit erneuerbaren Energien aus Wasser hergestellt
- **Türkiser Wasserstoff:** durch thermische Spaltung aus Methan hergestellt
- **Grauer Wasserstoff:** durch Dampfreformierung aus fossilen Brennstoffen hergestellt
- **Blauer Wasserstoff:** durch Dampfreformierung aus fossilen Brennstoffen hergestellt. Anschließend wird das CO_2 unterirdisch eingelagert.
- **Pinker Wasserstoff:** mittels Elektrolyse von Wasser, jedoch mit Strom aus Kernkraft hergestellt

Wenn man bedenkt, wie gering die Effizienz von Wasserstoff ist, kann nur grüner Wasserstoff als Energiespeicher infrage kommen.

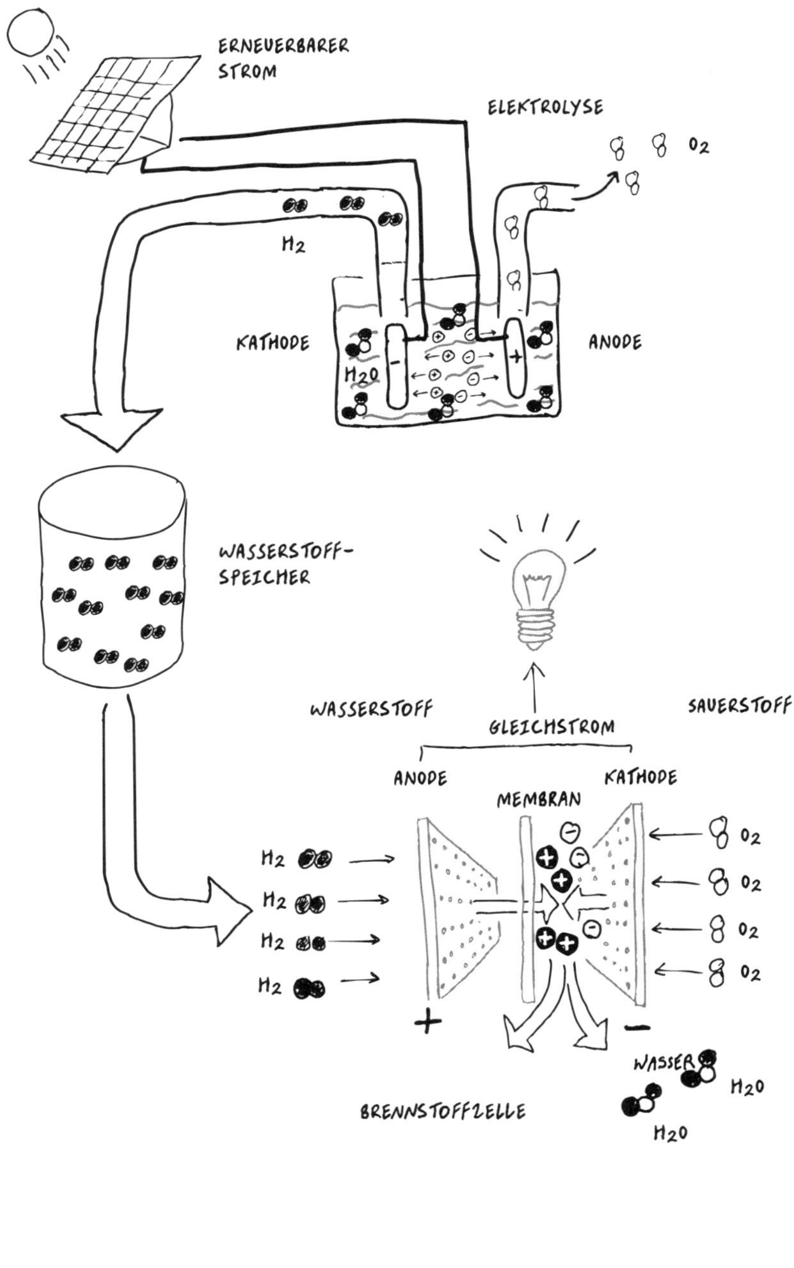
ERNEUERBARER STROM
ELEKTROLYSE
O2
H2
KATHODE
H2O
ANODE
WASSERSTOFF-SPEICHER
WASSERSTOFF
GLEICHSTROM
SAUERSTOFF
ANODE
MEMBRAN
KATHODE
H2
H2
H2
H2
O2
O2
O2
O2
WASSER
H2O
H2O
BRENNSTOFFZELLE

Wechselrichter und Steuerung

Erneuerbare Energien, egal ob durch Photovoltaik oder Turbinen, die mit Wind bzw. Wasser betrieben werden, liefern grundsätzlich einen Gleichstrom. Die Stromnetze in unseren Gebäuden laufen jedoch alle mit Wechselstrom.

Es sei an dieser Stelle kurz angemerkt, dass die Tatsache, dass wir alle Systeme mit Wechselstrom betreiben, oft als gegeben hingenommen wird. Dabei wandeln die meisten Endgeräte diesen mittels Transformatoren aber wieder in Gleichstrom um. Jede Umwandlung führt dabei zu Energieverlusten. Es ist also eine Überlegung wert, ob es nicht viel effizienter wäre, wenn die Wechselstrom-Gleichstrom-Umwandlung bereits am Hausanschluss stattfände.

Da nun aber der erzeugte Gleichstrom, um ihn nutzen zu können, in einen Wechselstrom umgewandelt werden muss, hat jede Anlage einen Wechselrichter.

Oft im Wechselrichter integriert befindet sich die Steuerung der Anlage. Diese hat die Aufgabe, den gelieferten Strom sinnvoll im Netz zu verteilen. Man kann sich diese Steuerung wie eine Kreuzung vorstellen. In der Mitte der Kreuzung befindet sich ein sehr agiler Verkehrspolizist, der die ganze Zeit entscheidet, in welche Richtung welcher Strom gerade fließen darf. So erhält grundsätzlich der erneuerbare Strom aus der Anlage den Vorrang und wird zuerst in den aktuellen Verbrauch geleitet. Sollte mehr Strom erzeugt werden, als gerade verbraucht werden kann, wird überschüssiger Strom in den Speicher umgeleitet. Ist der Speicher voll und dennoch ein Überschuss an Strom vorhanden, wird dieser in das öffentliche Netz umgeleitet. Sollte mehr Strom benötigt werden, als die Anlage gerade liefern kann, wird er aus der Batterie aufgefüllt. Ist die Batterie leer oder reicht die Leistung nicht mehr aus, wird Strom aus dem öffentlichen Netz hinzugenommen.

Kommt der Strom aus der Batterie oder der Anlage, muss er vom Wechselrichter umgeformt werden. Bei jeder Umwandlung gehen ca. 5 % an Energie verloren.

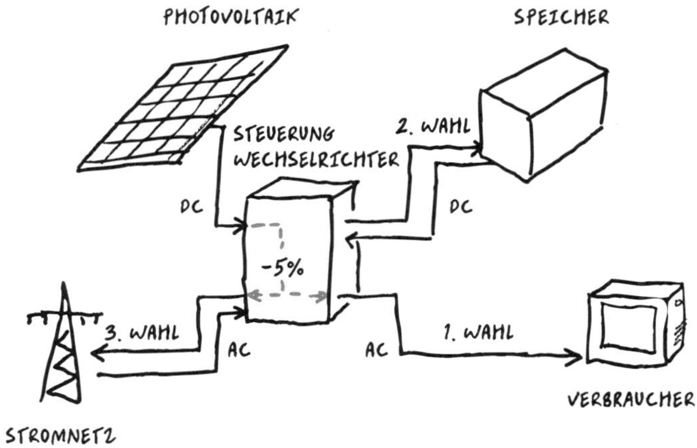

AC (ALTERNATING CURRENT)
WECHSELSTROM

DC (DIRECT CURRENT)
GLEICHSTROM

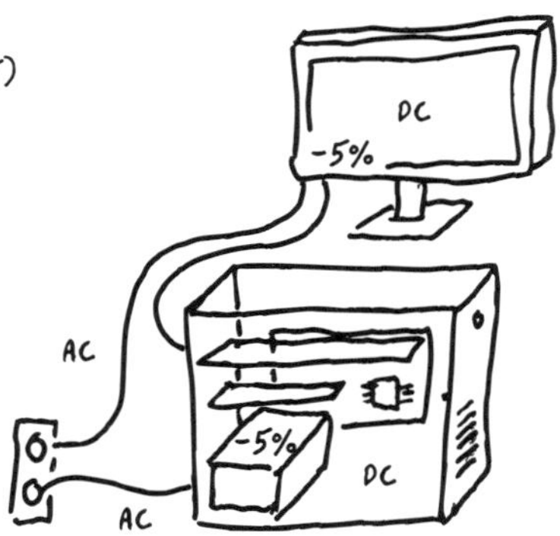

Systeme

Da Speichern und Umwandeln von Strom immer mit Verlusten verbunden ist, ist es ratsam, Systeme aufzubauen, die möglichst viel der erneuerbar erzeugten Energie direkt verbrauchen. Dies lässt sich zum einen dadurch erreichen, dass man möglichst viele Verbraucher integriert und man diese Verbraucher nach Möglichkeit auch zur besten Energieertragszeit laufen lässt. Sprich, Waschmaschine und Geschirrspüler laufen am besten mittags, das Elektroauto wird am Tag aufgeladen etc.

Neben den sinnvollen Verhaltensweisen lässt sich das Stromnetz aber auch um weitere Komponenten erweitern. So kann zum Beispiel Warmwasser über Strom erzeugt und somit die gesamte Heizung ins Netz integriert werden.

Um solche Netze im Gebäude aufzubauen, muss die Technik entsprechend „smart" gestaltet werden. Die Heizungsanlage muss mit der Steuerung im Wechselrichter kommunizieren, damit sie überschüssigen Strom für die Warmwasserbereitung nutzt, bei Unterdeckung aber keinen Strom abruft.

Elektroautos und ihre Ladestationen sollten ebenfalls Überdeckungen nutzen und bei Unterdeckungen das Laden unterbrechen. Noch weiter gedacht könnten Elektroautos diesen Strom auch an die Gebäude zurückgeben. Hierzu müssten die Autos in der Lage sein, Entladungen ihrer Batterien auf zum Beispiel Mindestreichweiten zu beschränken.

Vieles klingt heute noch wie Zukunftsmusik. Die Technologie aber ist bereits vorhanden. Einige asiatische Elektroautomodelle sind bereits in der Lage, auf diese Weise als Energiespeicher zu fungieren. Steuerungen können miteinander kommunizieren. Es fehlen aktuell nur Standards und Abstimmungen zwischen den Herstellern und ein paar gesetzliche Rahmenbedingungen.

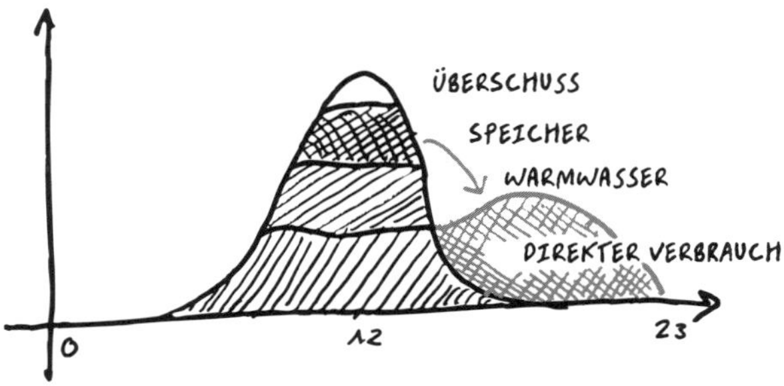
ÜBERSCHUSS
SPEICHER
WARMWASSER
DIREKTER VERBRAUCH
0
12
23

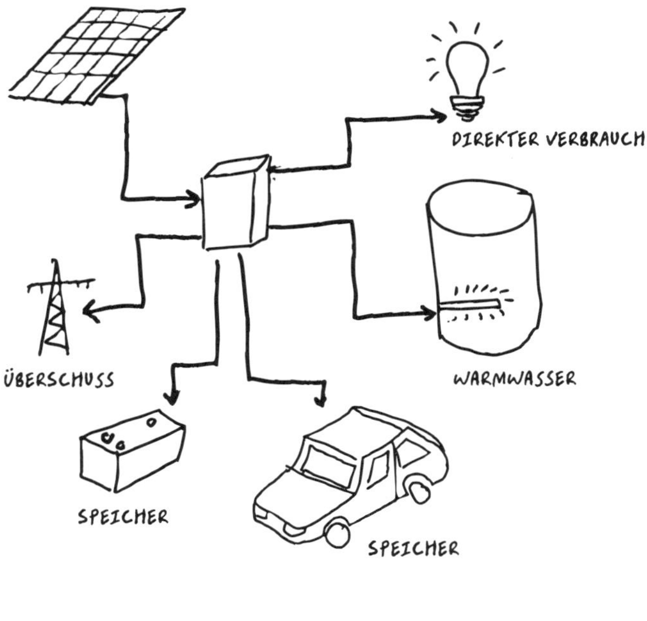
DIREKTER VERBRAUCH
ÜBERSCHUSS
WARMWASSER
SPEICHER
SPEICHER

04

Licht

Anforderungen

Licht ist ein wichtiger Bestandteil für unsere Gesundheit und unser Wohlbefinden. Egal ob am Arbeitsplatz oder in der Wohnung, auf das Licht sollte der Planer immer einen großen Teil seiner Aufmerksamkeit richten. Mit Licht kann der Architekt Raumerlebnisse steuern, leiten, Gemütszustände fördern und auch für Sicherheit sorgen. Das Licht ist so wichtig, dass es dafür eigene Fachplaner gibt.

Je nach Nutzung greifen in Deutschland verschiedene Normen oder sogar Gesetze. So ist Tageslicht im Wohnungsbau per Bauordnung gesetzlich geregelt. Dazu mehr im Kapitel „Tageslicht". An Arbeitsplätzen besteht nicht immer die Pflicht zu Tageslicht, aber dafür ist dort die Ausleuchtung differenziert definiert.

Licht gibt es in verschiedenen Farben. Das Farbspektrum verläuft in etwa von der Wellenlänge 180 nm bis 2 400 nm. Das menschliche Auge kann gerade mal eine Wellenlänge von 400 nm bis 800 nm erfassen. In diesem Bereich befinden sich die sichtbaren Farben. Unterhalb der 400 nm liegt das UV-Spektrum. Auf dieses reagiert der menschliche Körper zum Beispiel mit der Veränderung der Hautfarbe bis hin zu Verbrennungen. Oberhalb der 800 nm befindet sich das Infrarotspektrum. Auch diesen Bereich kann das menschliche Auge nicht sehen. Wir nehmen Infrarotstrahlung jedoch als Wärme wahr.

Licht ist auch in der Lage, die Psyche von Menschen zu beeinflussen. So kann Lichttherapie bei Depressionen oder Müdigkeit helfen. Dies liegt daran, dass UV-Strahlung die Ausschüttung von Dopamin und Serotonin fördert. Lichtmangel führt hingegen zu Müdigkeit, Kraftlosigkeit und Erschöpfung.

Mit Licht kann das Wohlbefinden, können aber auch die Konzentrationsfähigkeit und die Wahrnehmung von Menschen gesteuert werden.

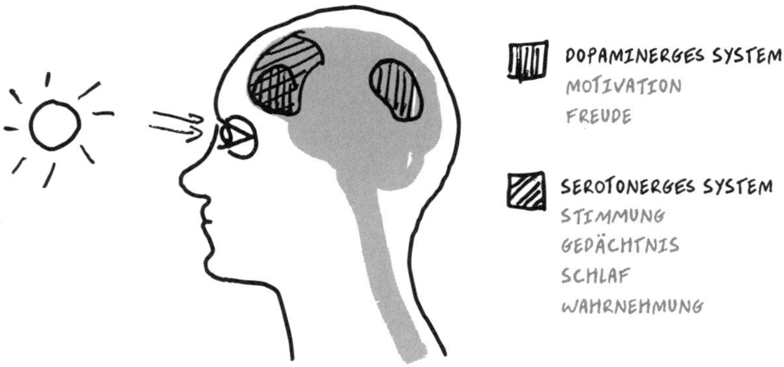
DOPAMINERGES SYSTEM
MOTIVATION
FREUDE
SEROTONERGES SYSTEM
STIMMUNG
GEDÄCHTNIS
SCHLAF
WAHRNEHMUNG

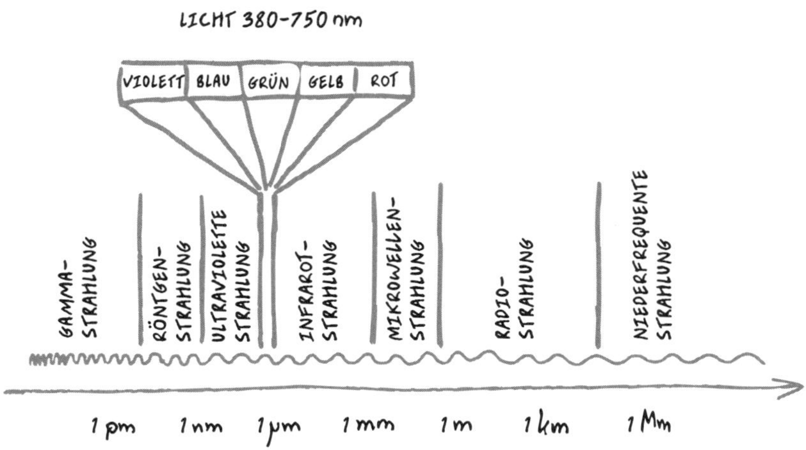
LICHT 380-750 nm
VIOLETT
BLAU
GRÜN
GELB
ROT
GAMMA-STRAHLUNG
RÖNTGEN-STRAHLUNG
ULTRAVIOLETTE STRAHLUNG
INFRAROT-STRAHLUNG
MIKROWELLEN-STRAHLUNG
RADIO-STRAHLUNG
NIEDERFREQUENTE STRAHLUNG
1 pm
1 nm
1 µm
1 mm
1 m
1 km
1 Mm

Wohnungsbau

Tageslicht ist das natürliche und damit zu bevorzugende Licht in der architektonischen Planung. Wenn machbar, sollte der Architekt die Möglichkeiten optimieren, das Tageslicht in seinen Gebäuden zu nutzen – es sei denn, es werden entsprechende Effekte gewünscht. Im Wohnungsbau ist für Aufenthaltsräume eine Mindestmenge an Tageslicht sogar gesetzlich geregelt. Je nach Bauordnung der Länder sieht die Regel leicht anders aus, aber im Grunde regelt der Gesetzgeber die Mindestöffnungsgröße von Fenstern für Aufenthaltsräume und gewährleistet damit ausreichend Tageslicht.

Laut Berliner Bauordnung (BauOBln) etwa, in der Fassung von 2020, wird für Aufenthaltsräume festgelegt, dass diese mindestens Fenster mit einer Rohbauöffnung von einem Achtel ihrer Grundfläche haben müssen. Dieselbe Regelung finden wir auch in der Brandenburgischen Bauordnung (BbgBO) oder der Hamburger Bauordnung (HBauO). Die Landesbauordnungen haben diesen Passus aus der Musterbauordnung (MBO) übernommen.

Was nicht in den Bauordnungen geregelt ist, aber der Planer, soweit möglich, berücksichtigen sollte, ist die Maßgabe, Aufenthaltsräume nicht mit ausschließlich Fenstern nach Norden zu planen. Denn das ist nicht nur energetisch schwierig, sondern führt auch zu schlechten Belichtungsverhätnissen der Räume. In Blockrandbebauungen, geschlossenen Bauweisen und im urbanen Kontext ist dies aber nicht immer realisierbar, weshalb eine gesetzliche Regelung hier kontraproduktiv wäre.

AFENSTER = 1/8 ABODEN

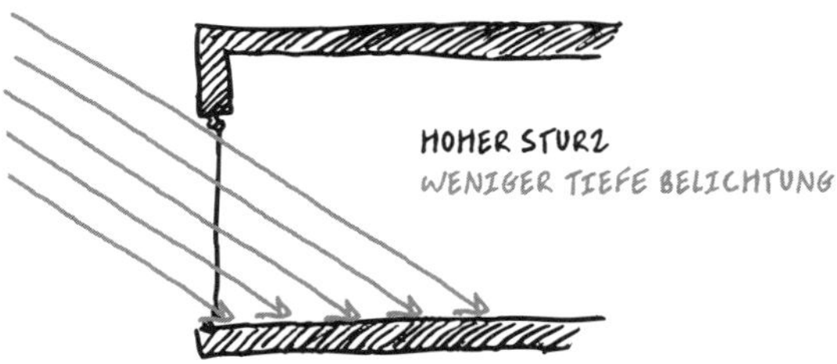
HOHER STURZ
WENIGER TIEFE BELICHTUNG

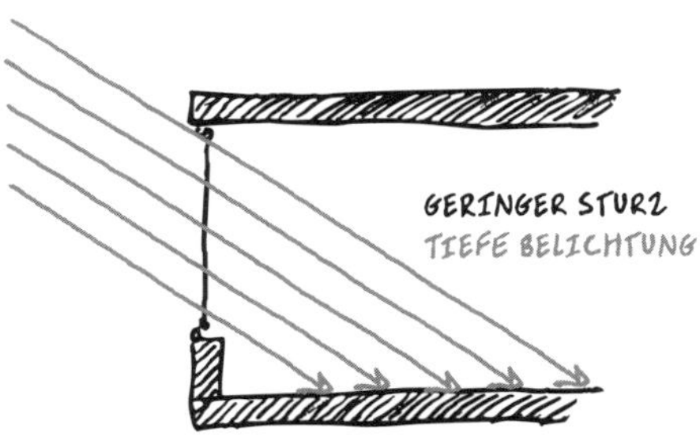
GERINGER STURZ
TIEFE BELICHTUNG

Nichtwohnungsbau

Für Nichtwohnungsbauten wird die Belichtung bzw. Beleuchtung von Arbeitsplätzen über die Arbeitsschutzrichtlinien geregelt. Die Arbeitsschutzrichtlinien sind die Ausführungsvorschrift des Arbeitsschutzgesetzes und haben damit ebenfalls Gesetzeskraft. Die ASR A3.4 regelt die Beleuchtung von Arbeitsplätzen.

Für Schreibtischarbeitsplätze wird hier der notwendige Tageslichtbedarf geregelt. Dabei wird jedoch nicht die Fenstergröße an sich betrachtet, sondern der Abstand von Arbeitsplätzen von der Fassade im Verhältnis zur Sturzhöhe der Fenster.

Im Unterschied zum Wohnungsbau regelt die Arbeitsstättenrichtlinie zusätzlich die Beleuchtung mit künstlichem Licht. Es gibt viele Arbeitsplätze, die nicht mit Tageslicht versorgt werden können, wie etwa solche in Bibliotheken, der Logistik oder im Supermarkt. Für diese und für die Arbeitszeiten in frühen oder späten Stunden ist Kunstlicht notwendig.

Direkt an Arbeitsplätzen fordert die ASR eine Beleuchtung je nach ausgeübter Arbeit von 300 oder 500 Lux. Die Beleuchtung ist dort durch direktes und indirektes Licht zu realisieren. Entfernt man sich mindestens 5 m von einem Arbeitsplatz, so darf die Beleuchtung auf 70 % reduziert werden. Weitere 5 m entfernt darf die Beleuchtung sogar auf 30 % gesenkt werden. Alle Bereiche, die keine direkten Arbeitsplätze sind, dürfen vollständig mit indirektem Licht ausgestattet werden. Hinzu kommen Anforderungen an die Qualität der Beleuchtung direkt am Arbeitsplatz. So haben Computerarbeitsplätze andere Anforderungen an das Licht als Fließbandarbeitsplätze.

Die Regelungen entspringen alle dem Arbeitsschutz und dienen damit der Gesundheit und der Sicherheit am Arbeitsplatz. Falsche oder fehlende Beleuchtung kann die Leistungsfähigkeit verringern, die Fehlerhäufigkeit erhöhen und damit die Qualität der Arbeit reduzieren. Vor allem aber erhöht sich bei falscher Beleuchtung die Unfallgefahr.

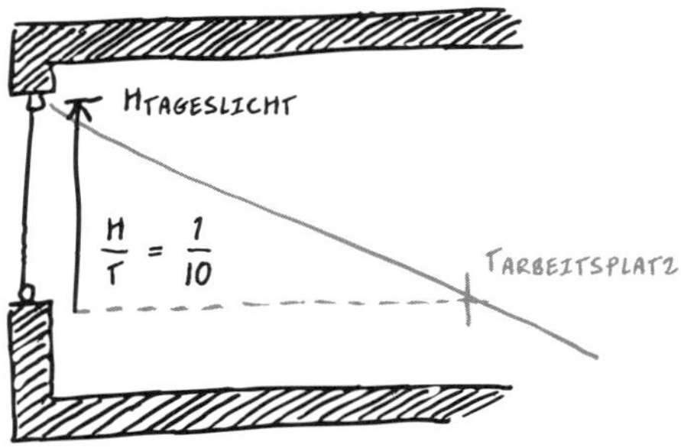
HTAGESLICHT
H/T = 1/10
TARBEITSPLATZ

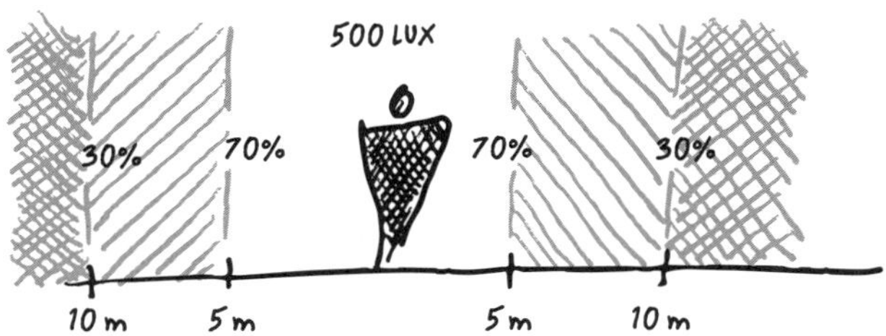
500 LUX
30%
70%
70%
30%
10 m
5 m
5 m
10 m

Lichtfarbe und Wirkung

Lichtfarben des sichtbaren Spektrums werden in drei Gruppen unterteilt:

2700–3300 K	Warmweiß
3300–5300 K	Neutralweiß
über 5300 K	Tageslichtweiß

Studien haben ergeben, dass die Lichtfarben Auswirkungen auf den Menschen haben. So kann man Licht nicht nur für therapeutische Maßnahmen nutzen.

Auch das Sonnenlicht verändert sich in der Farbe im Lauf eines Tages. Um die Mittagszeit ist es eher tageslichtweiß, wohingegen es zum Abend hin immer wärmer wird. Diese Lichtverläufe wirken sich evolutionär auf den Biorhythmus des Menschen aus. In Kitas oder Krankenhäusern können Ruhephasen der Kinder oder Patienten durch eine Änderung der Farbtemperatur unterstützt werden. Man kann durch gezielte Verlagerung der Lichtfarbe in das wärmere Spektrum positiv auf den Mittagsschlaf einwirken. Studien haben gezeigt, dass Schulklassen mit einer Beleuchtung in Tageslichtweiß morgens bereits wacher sind, eine deutlich verbesserte Leistungsfähigkeit aufweisen und sich besser konzentrieren können. Wohingegen dieselben Klassen mit einer warmweißen Beleuchtung unaufmerksam, leistungsschwächer und müder waren.

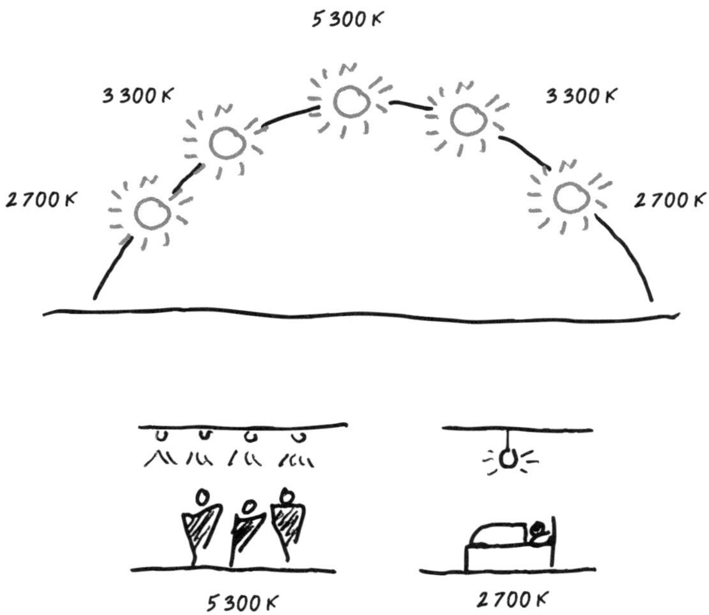
5 300 K
3 300 K
3 300 K
2 700 K
2 700 K
5 300 K
2 700 K

Funktionslicht

Lichtfarben beeinflussen nicht nur die Vitalität und Leistungsfähigkeit von Menschen. Sie können auch ganz gezielt auf die Wahrnehmung einwirken. Aus diesem Grund gibt es Produktlampen, die dazu entwickelt wurden, Produkte im Einzelhandel im besten Licht erstrahlen zu lassen. Dabei ist eine Lichtfarbe, die für das eine Produkt ideal ist, für ein anderes unter Umständen eher problematisch.

2700 K werden zur Beleuchtung von Backwaren und Käse verwendet.
2700–3000 K verwendet man, um Fleisch ideal zu beleuchten.
3000 K kommen ebenfalls bei rotem Fisch, Obst und Gemüse zum Einsatz.
4200–5000 K werden zur Beleuchtung von weißem Fisch verwendet.
4300 K werden im Bereich Fashion verwendet, um die Stofffarben ideal darzustellen.

Bei den Lebensmitteln wird die Licht- der Produktfarbe abgepasst. So wird die natürliche Farbe der Lebensmittel unterstützt und hin zu einem Idealbild verstärkt. So kann es schon mal sein, dass die Lebensmittel, wenn man sie zu Hause auspackt, gar nicht mehr so schmackhaft und attraktiv aussehen wie in der Auslage im Laden. Bei der Fashionbeleuchtung setzt man eher auf Farbneutralität. Hier arbeitet man mit neutralem Weiß, um die Farben nicht zu verfälschen.

Vorsicht ist geboten, wenn man einen Laden oder einen Supermarkt umsortiert. In diesem Fall müssen die Leuchten immer mit den Waren zusammen umziehen.

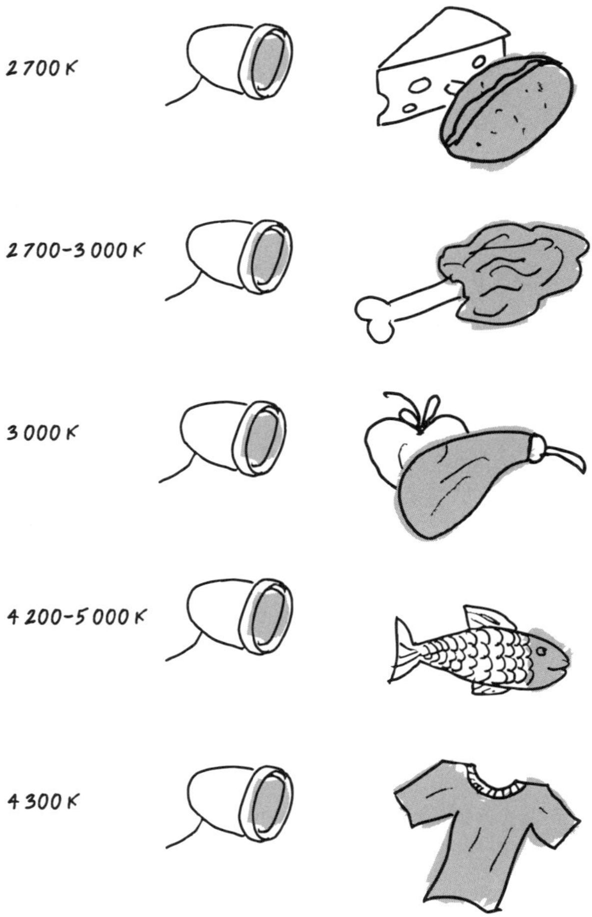
2 700 K
2 700–3 000 K
3 000 K
4 200–5 000 K
4 300 K

05

Vertikaler Transport

Paternoster

Der Paternoster oder Personen-Umlaufaufzug wird nicht mehr gebaut. Es handelt sich hierbei um eine Erfindung aus dem 19. Jahrhundert. Konzipiert wurde die Technik ursprünglich als Transportmittel für Pakete. Da überrascht nicht, dass einer der bekanntesten und ältesten Paternoster im General Post Office in London zu finden ist. 1882 entwickelte Peter Hall die Technik weiter für den Transport von Menschen.

In einem Schacht laufen permanent offene Kabinen in einem Umlaufprinzip vertikal in beide Richtungen. Im Grunde wie bei einem vertikalen Riesenrad, kommt jede Kabine an jeder Etage mal auf- und mal abwärtsfahrend vorbei. Dabei werden die Kabinen an den beiden Wendepunkten dank ihrer Aufhängung an zwei Transportketten, die über sich überschneidende Umlenkscheiben geführt sind, in aufrechter Position auf die andere Seite des Schachts und die jeweilige Gegenrichtung umgelenkt. Der Fahrgast kann also die Wendevorgänge problemlos in der Kabine miterleben.

Damit es den Menschen möglich ist, bei laufender Fahrt ein- und auszusteigen, beträgt die Fördergeschwindigkeit 0,2 bis 0,45 m/s.

Heute sind Paternoster nur noch im Gebäudebestand zu finden, da seit 1974 keine neuen Geräte mehr in Betrieb genommen werden dürfen. Sie wurden früher sehr häufig in öffentliche Gebäude eingebaut, in denen die Aufzugsanlagen hochfrequentiert waren und daher ein Dauerbetrieb wirtschaftlich erschien. Daher finden wir sie auch noch heute in Rathäusern.

Ihr Vorteil besteht in der permanenten Verfügbarkeit von Kabinen in beide Richtungen ohne Wartezeit, da diese nah aneinander aufgehängt sind. Die geringe Geschwindigkeit wiederum macht sie weniger geeignet für höhere Gebäude.

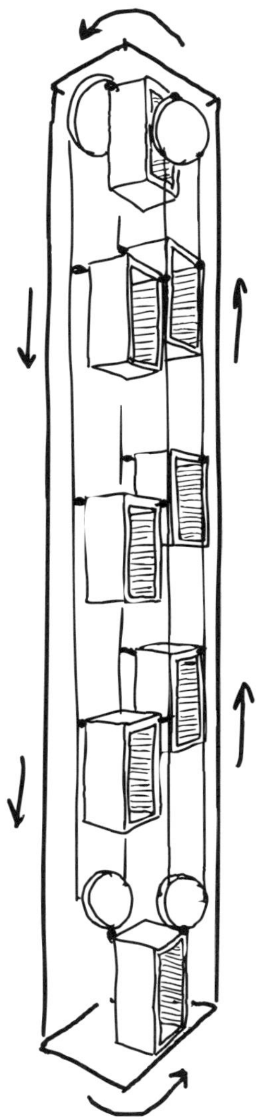

Seilaufzug

Die wohl häufigste Bauart von Aufzügen stellt der Seilaufzug dar. Wie der Name vermuten lässt, hängt die Aufzugskabine an Seilen. Diese Bauart ist aktuell die leistungsfähigste. Es können die höchsten Geschwindigkeiten erreicht und die größten Höhendifferenzen überwunden werden. Innerhalb der Gruppe der Seilaufzüge unterscheiden wir drei Antriebsarten nach Ihrer Lage.

Aufzüge mit Antrieb im oben liegenden Maschinenraum: Diese im Bestand häufig verbreitete Bauart benötigt über dem obersten Ende des Aufzugschachts einen Maschinenraum, in dem sich der Elektromotor befindet, der den Aufzug hochzieht oder herunterlässt. Die Vorteile dieser Variante liegen in dem technisch geringen Aufwand und den relativ einfachen Lösungen zur Schallentkopplung des Antriebs vom Gebäude. Der größte Nachteil besteht in dem Bedarf, große begehbare Maschinenräume auf den Dächern zu errichten.

Aufzüge mit Antrieb im unten liegenden Maschinenraum: Diese Bauart benötigt einen Maschinenraum auf der untersten Ebene des Gebäudes bzw. auf der Ebene der untersten Haltestelle des Aufzugs. Diese Räume befinden sich in Regel neben dem Aufzugsschacht und beherbergen den Antrieb. Der Vorteil ist, dass keine zusätzlichen Aufbauten auf dem Dach errichtet werden müssen. Der Nachteil besteht in einem höheren Aufwand von Umlenkungen der Antriebsseile.

Aufzüge mit Antrieb auf oder an der Kabine: Diese Bauart hat sich in den letzten Jahren zunehmend durchgesetzt. Hier befindet sich der Antrieb direkt auf oder seitlich an der Kabine. Dadurch entfällt der Bedarf separater Maschinenräume. Nachteil dabei ist die etwas kompliziertere Wartung und Reparatur. Der Mechaniker muss hier immer durch die Kabine in den Schacht.

Unabhängig von der Antriebsart haben alle Seilaufzüge einen Bedarf an Über- und Unterfahrten. Neben der Unterbringung von Konstruktion und Umlenkung dienen diese zusätzlich dem Arbeitsschutz. Der Planer muss demnach immer den Aufzugsschacht nach oben wie nach unten rund 50–100 cm länger planen, als der Bedarf für die Kabine es nötig macht.

MASCHINENRAUM OBEN

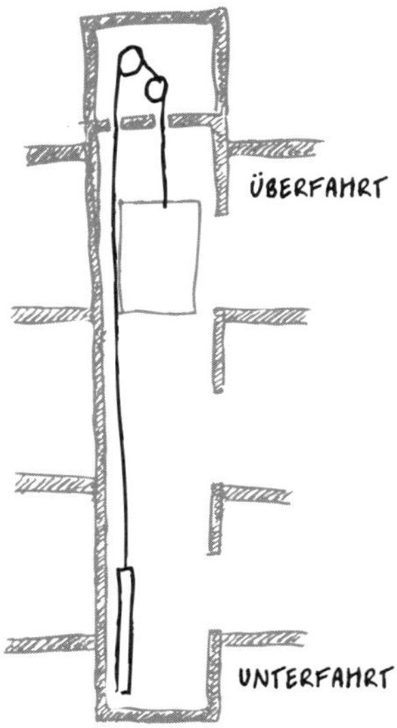

MASCHINENRAUM UNTEN

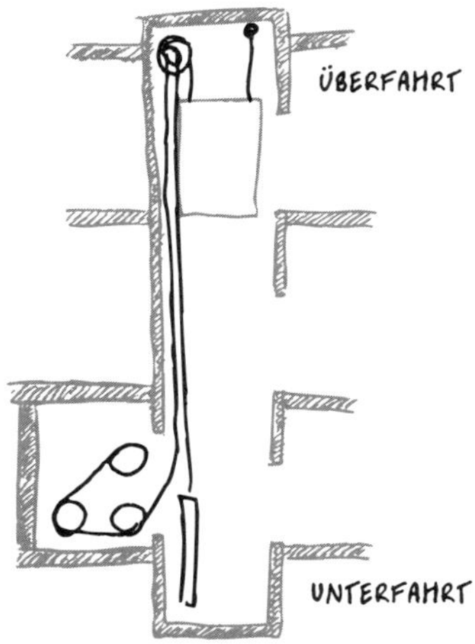

ANTRIEB AUF KABINE

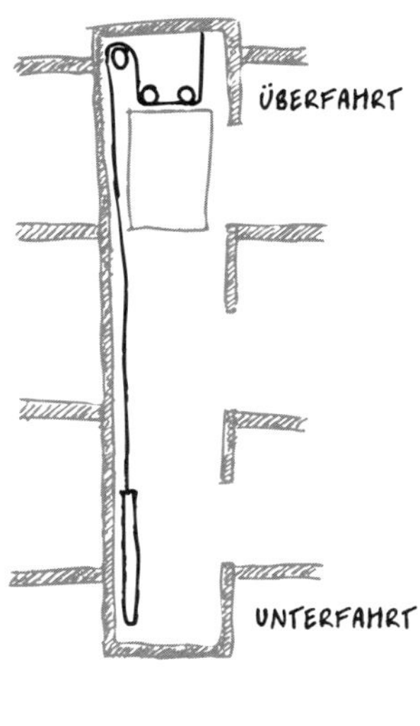

ANTRIEB SEITLICH AN KABINE

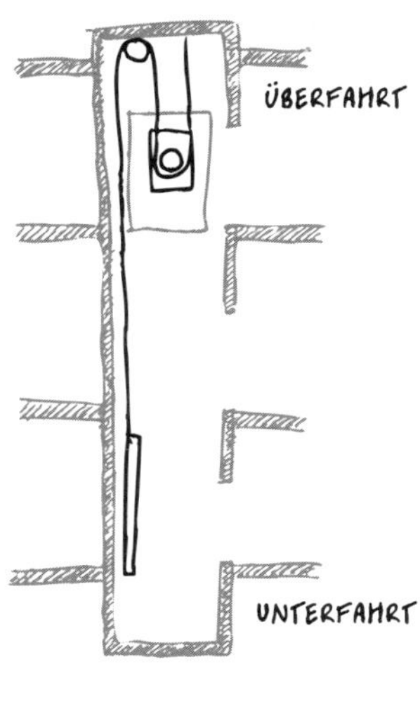

Hydraulikaufzug

Für Gebäude mit geringerer Höhe und weniger Anforderung an die Geschwindigkeit gibt es die Variante, mit Hydraulikaufzügen zu planen. Der Vorteil hydraulisch betriebener Aufzüge ist die geringe Schallemission. Dafür ist ein solcher Aufzug stärker limitiert in der Förderhöhe und auch langsamer.

Bei der Ausführung von Hydraulikaufzügen unterscheiden wir:

— **Zentrale Heber:** Bei diesen sitzt die Kabine auf dem Hydraulikstempel und wird direkt von diesem gehoben. Die Kabine wird lediglich an seitlichen Schienen geführt.
— **Direkt angeordnete seitliche Heber:** Die Kabine wird direkt vom Hydraulikstempel angehoben, jedoch sitzt dieser hier seitlich an der Kabine.
— **Seitlich angeordnete Doppelheber:** Hier wird die Kabine von zwei Hydraulikstempeln direkt angehoben.
— **Seitliche indirekte Heber:** Der Heber befördert hier eine Umlenkrolle, über die ein Seil geführt wird. Die Kabine hängt hier am Seil.
— **Seitliche indirekte Doppelheber:** Die Kabine hängt an zwei Seilen, die über je eine Umlenkrolle führen. Jede der Umlenkrollen wird mit einem eigenen Hydraulikstempel angehoben.

Die notwendigen Schachtgrößen sind herstellerabhängig. Das Hydraulikaggregat wird entweder am unteren Ende des Schachts in einem Aufzugmaschinenraum oder in einer Wandnische unten direkt im Schacht untergebracht. Oft fallen die Schachtgrößen etwas geringer aus als beim Seilaufzug.

HEBER ZENTRAL

HEBER SEITLICH

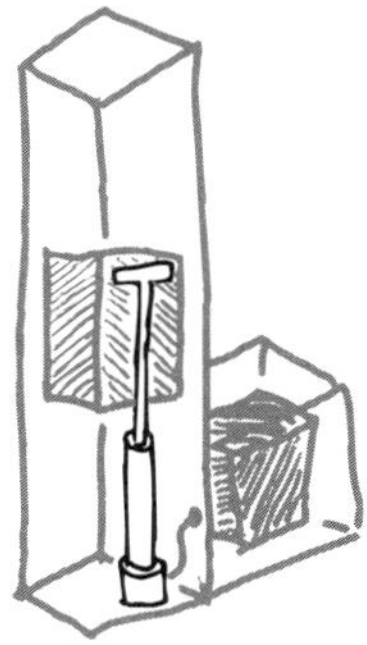

HEBER SEITLICH INDIREKT

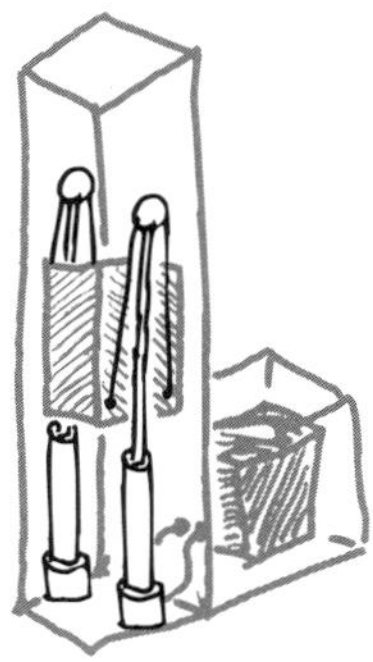

DOPPELHEBER INDIREKT

Andere Antriebsarten

Die drei Antriebsarten in diesem Kapitel kennen wir hauptsächlich aus dem privaten Bereich. Eingesetzt werden sie für Treppenlifts oder Aufzüge zur barrierefreien Erschließung innerhalb von kleinen Wohnhäusern oder Villen.

Um geringe Höhen von nur 1–2 Etagen zu überwinden, kann man auch mit Aufzügen arbeiten, die an einer langen Gewindestange auf und ab bewegt werden. Diese benötigen keine Unterfahrten und sind sehr platzsparend. Förderhöhen von rund 15 Metern können mit dieser Technik erreicht werden.

Bei den Traktionsantrieben zieht sich die Kabine mittels Rollen an Führungsrohren selbst hoch. Die Rollen umschließen die Rohre und rollen auf ihnen entlang. Diese Technik wird für Treppenlifts verwendet.

Aufzüge mit Zahnradantrieb finden wir ebenfalls eher bei Treppenliftanlagen. Das Prinzip ist einfach. Die Plattform oder die Kabine besitzt ein Zahnrad, das über eine Zahnstange diese durch Abrollen bewegt.

Der Scherenantrieb findet seine Anwendung, wenn es um geringe Höhenunterschiede geht. Neben Hubliften für Rollstuhlfahrer ist die Hauptanwendung wohl in der Logistik zu finden. Um Waren, Paletten und Ähnliches vom Boden auf eine Lagerebene zu heben, bietet sich diese Technik an. Sie benötigt nur eine flache Unterfahrt und lässt sich gut schwellenfrei in den Boden integrieren.

TRAKTIONSANTRIEB

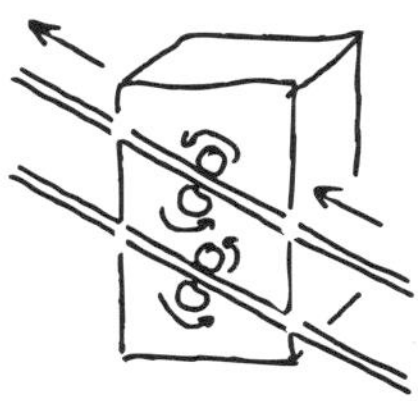

SPINDELANTRIEB

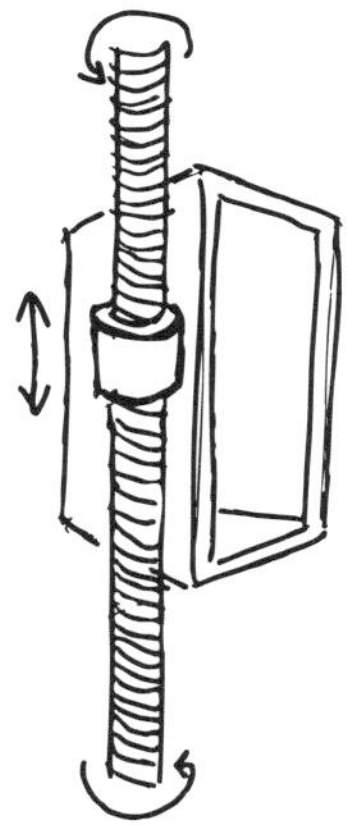

ZAHNANTRIEB

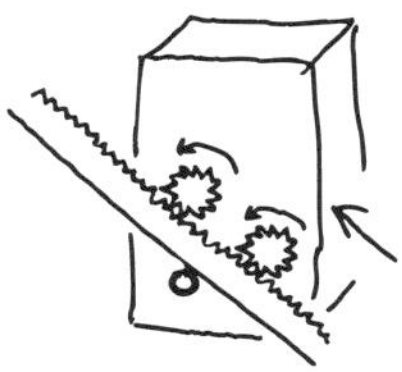

SCHERENLIFT

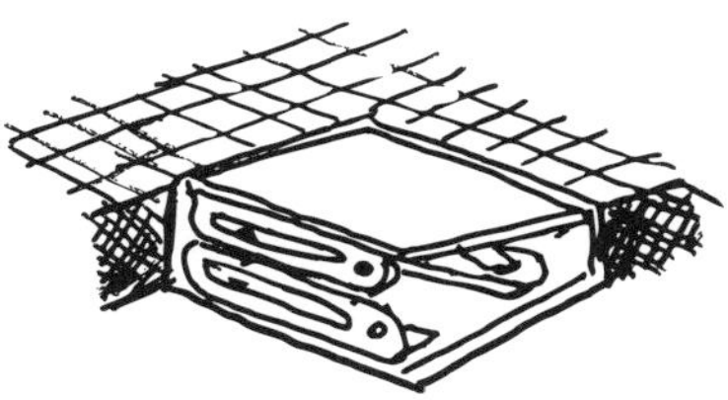

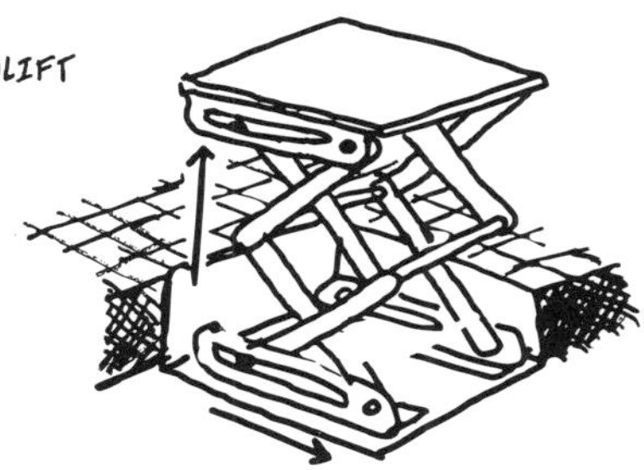

Fahrtreppen, -steige und -bänder

Fahrtreppen finden ihren Einsatz zumeist in öffentlichen Gebäuden, Kaufhäusern, Bahnhöfen und Flughäfen. Da sie eine Neigung zwischen 30 und 35° aufweisen, haben sie einen nicht zu vernachlässigenden Platzbedarf. Um 4 m Geschosshöhe zu überwinden, wird eine Länge von ca. 12 m benötigt. Ebenfalls nicht zu unterschätzen ist der Platzbedarf für die Unterfahrt bzw. den unterseitigen Körper, in dem die Treppe umläuft. Hier wird noch einmal zusätzlich ca. 1 m Tiefe benötigt. Fahrtreppen bewegen sich mit ca. 0,5 bis 0,75 m/s, was in etwa der Gehgeschwindigkeit eines Menschen entspricht.

In Gebäuden, in denen zum Beispiel Einkaufwagen oder Ähnliches zwischen verschiedenen Geschossen befördert werden sollen, kommt der Fahrsteig zum Einsatz. Dabei handelt es sich um ein schräges Transportband. Die Technik ist im Grunde die gleiche wie bei der Fahrtreppe. Hier werden die Steigungswinkel noch flacher und liegen zwischen 10 und 12°. Dies führt bei 4 m Höhe zu einem horizontalen Platzbedarf von rund 26 m.

Die Fahrbänder liegen flach auf dem Boden und dienen unter anderem zur Beschleunigung oder Entlastung bei längeren Gehstrecken. Der wohl häufigste Einsatzort findet sich in Flughäfen mit langen Transferwegen zwischen den Terminals. Da für die Laufflächen hier Bänder statt der elementierten Metallgehflächen verwendet werden, können diese sehr flach ausgeführt werden. Sie benötigen keine Unterfahrten oder Aussparungen im Boden und sind somit sehr leicht zu integrieren und zu installieren. Auch die Fahrbänder bewegen sich in der typischen Gehgeschwindigkeit des Menschen von ca. 5 m/s.

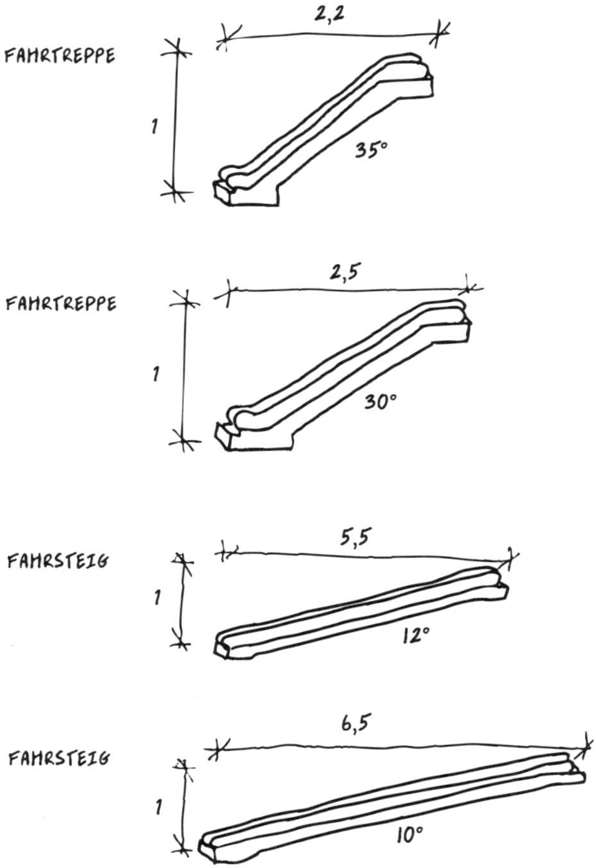
FAHRTREPPE
2,2
1
35°
FAHRTREPPE
2,5
1
30°
FAHRSTEIG
5,5
1
12°
FAHRSTEIG
6,5
1
10°

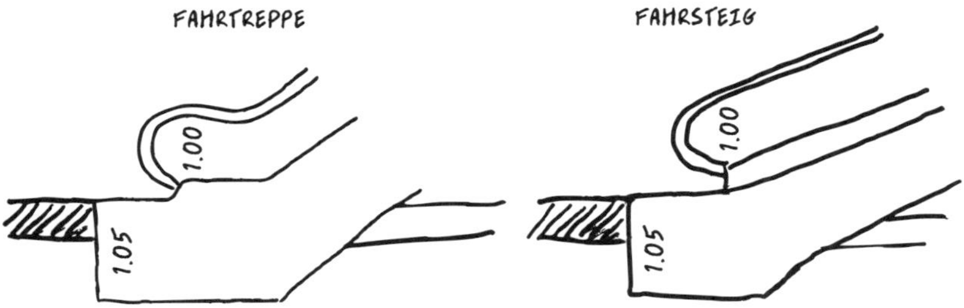
FAHRTREPPE
1.00
1.05
FAHRSTEIG
1.00
1.05

06

Lüftungs-anlagen

Luftqualitäten

Im Nichtwohnungsbau werden die Anforderungen an die Luftqualität im Gebäude mittels verschiedener Normen geregelt. Zum einen finden wir in der Arbeitsstättenrichtlinie ASR A3.6 Angaben zu Raumtiefen und Raumflächen im Verhältnis zu Zuluftöffnungen. Dann regelt die DIN EN 13779 Anforderungen an die mechanische Lüftung und stellt hier notwendige Luftvolumenströme, Raumflächen und deren Belegungsdichte entgegen. Alternativ fordert die DIN EN 16798 ebenfalls Luftmengen, arbeitet aber mit einer Kombination aus Bedarf je Person zzgl. eines Grundbedarfs der Räume.

Ich möchte mich hier auf die Betrachtung der DIN EN 16798 für die Auslegung der mechanischen Lüftung beschränken. Diese teilt die gewünschte Luftqualität in vier Kategorien ein. Die erste bezeichnet dabei die höchste und die vierte somit die niedrigste Raumluftqualität. Es wird zuerst ein Volumenstrom für das Gebäude an sich definiert. Anschließend wird ein weiterer Volumenstrom je Person festgelegt. Beide Volumenströme zusammen ergeben dann den zu planenden Gesamtvolumenstrom der Lüftungsanlage. Dabei sollten jedoch 4 l/s pro Person nicht unterschritten werden.

SCHADSTOFFARMES GEBÄUDE

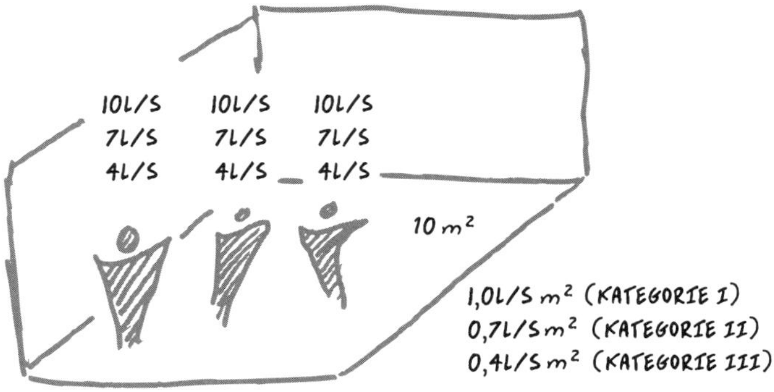

BEISPIELRECHNUNG KATEGORIE III

10m² BÜRO X 0,4L/S m²

=> 4L/S FÜR DEN RAUM

3 PERSONEN X 4L/S

=> 12L/S FÜR DIE PERSONEN

Σ 16L/S AUSLEGUNGS-LÜFTUNGSRATE

BEISPIELRECHNUNG KATEGORIE I

10m² BÜRO X 1,0L/S m²

=> 10L/S FÜR DEN RAUM

3 PERSONEN X 10L/S

=> 30L/S FÜR DIE PERSONEN

Σ 40L/S AUSLEGUNGS-LÜFTUNGSRATE

hx-Diagramm

Mit Lüftungsanlagen kann man nicht nur Luft transportieren, sondern vor allem konditionieren: Man kann sie erwärmen, kühlen, trocknen und befeuchten. Dabei hängen Änderungen der Lufttemperaturen und der Luftfeuchte unmittelbar miteinander zusammen.

— Wird Luft abgekühlt, verringert sich die Fähigkeit, Wasserdampf aufzunehmen oder zu halten. Die relative Luftfeuchte wird höher.
— Wird Luft erwärmt, erhöht sich die Aufnahmefähigkeit von Wasserdampf. Damit wird die relative Luftfeuchtigkeit geringer. Die Luft wird trocken.
— Wird Luft befeuchtet, wird diese dabei abgekühlt.
— Geben wir der Luft warmen Wasserdampf hinzu, können wir diese erwärmen bei gleichzeitiger Befeuchtung.

Diese vier Methoden der Luftbehandlung nutzen wir, um Luft zu konditionieren. Dabei ist darauf zu achten, dass wir gewünschte Temperatur-Feuchte-Kombinationen teilweise nicht direkt mit nur einer Behandlung erreichen können.

— Wollen wir feuchte kalte Luft erwärmen und diese dabei nicht austrocknen, so müssen wir diese erst erwärmen, dann befeuchten und anschließend meist erneut erwärmen.
— Wollen wir warme feuchte Luft abkühlen, ohne die relative Luftfeuchte zu erhöhen, so müssen wir diese erst so weit herunterkühlen, dass überschüssiges Wasser ausfällt. Anschließend wird auf die Wunschtemperatur erwärmt. Bei diesem Prozess entsteht in der Lüftungsanlage Wasser in flüssiger Form, das abgeführt werden muss.

Mithilfe des hx-Diagramms können wir diese Prozesse grafisch darstellen und ermitteln, welche Behandlungen notwendig werden. Dies dient dazu festzustellen, welche Geräte in welcher Reihenfolge in der Lüftungsanlage erforderlich werden.

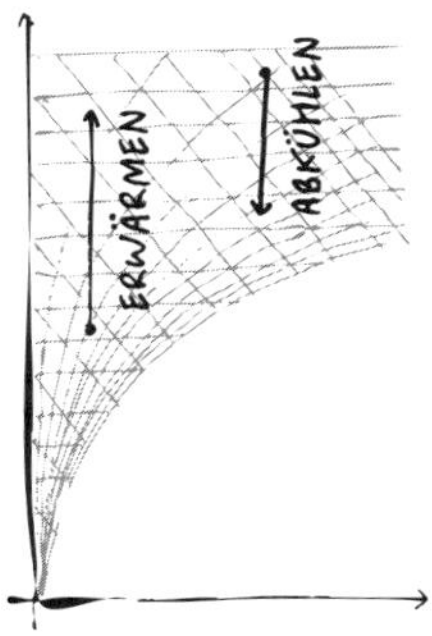
ERWÄRMEN
ABKÜHLEN

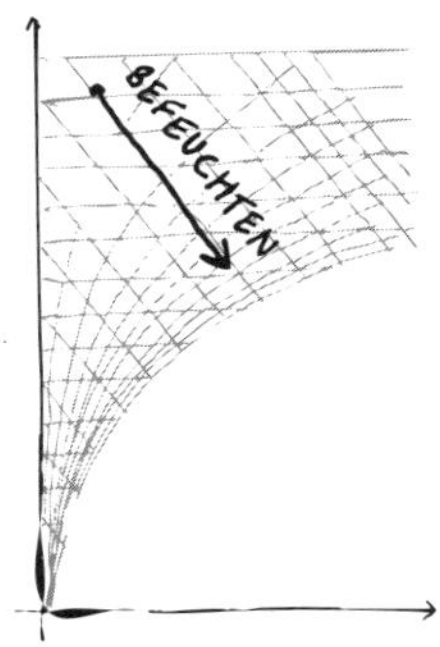
BEFEUCHTEN

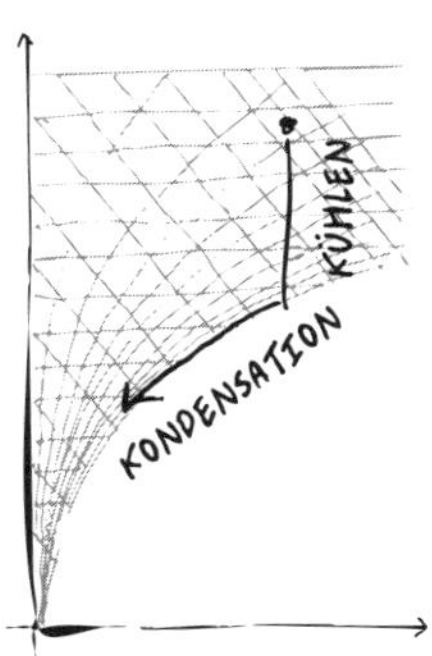
KÜHLEN
KONDENSATION

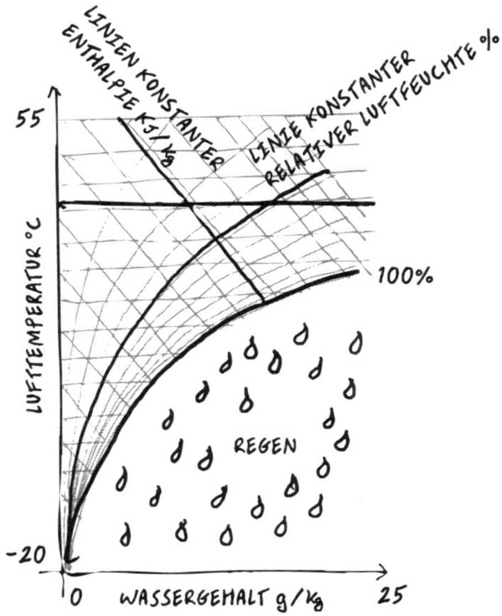
LINIEN KONSTANTER ENTHALPIE KJ/Kg
LINIE KONSTANTER RELATIVER LUFTFEUCHTE %
55
LUFTTEMPERATUR °C
100%
REGEN
-20
0
WASSERGEHALT g/Kg
25

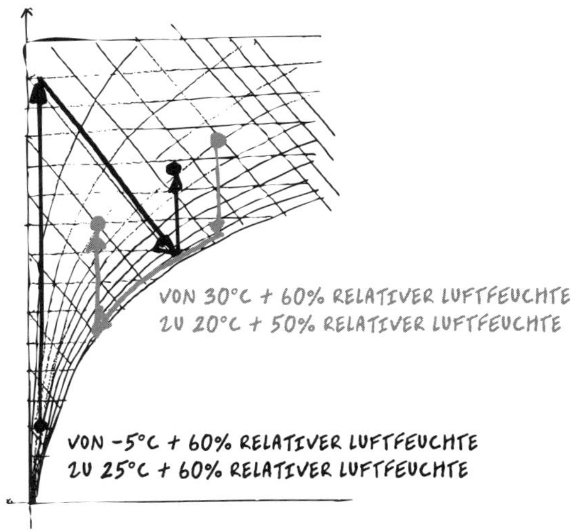
VON 30°C + 60% RELATIVER LUFTFEUCHTE
ZU 20°C + 50% RELATIVER LUFTFEUCHTE
VON -5°C + 60% RELATIVER LUFTFEUCHTE
ZU 25°C + 60% RELATIVER LUFTFEUCHTE

Ventilatoren

Jede Lüftungsanlage benötigt Ventilatoren, um die Luft durch die Anlage hindurch und an gewünschte Orte zu transportieren. Die Größe der Ventilatoren sowie deren Leistung wird von den benötigten Luftvolumenströmen bestimmt.

Wir unterscheiden hauptsächlich den Axial- und den Radialventilator.

— Den **Axialventilator** finden wir oft in kleineren technischen Anlagen wie Fassadenlüftern. Diese werden häufiger als Im-Rohr-Lüfter eingesetzt. Sie können hohe Luftgeschwindigkeiten erzeugen, reagieren aber empfindlicher auf starke Drucke, wie sie entstehen können, wenn sich Filter und andere Komponenten der Konditionierung im Luftstrom befinden.

— Der **Radialventilator** zeichnet sich durch seine Fähigkeit aus, hohe Drucke zu erzeugen. Damit ist er ideal für Lüftungsanlagen, die technische Komponenten für die Luftbehandlung enthalten. Dafür wird er bei gleichem Luftvolumenstrom erheblich größer als der Axialventilator.

Die Ventilatoren bestimmen im Wesentlichen die Größe der Lüftungsanlage. Mit steigender Luftmenge erhöhen sich die Radien der Ventilatoren.

Auch ist bei der Planung darauf zu achten, dass der Ventilator die einzige Komponente der Lüftungsanlage ist, die am Stück an ihren Bestimmungsort transportiert werden muss. Es müssen also alle Zugänge, alle Öffnungen und alle Flächen immer groß genug geplant werden, um genügend Platz für den Ventilator zu bieten.

AXIALVENTILATOR

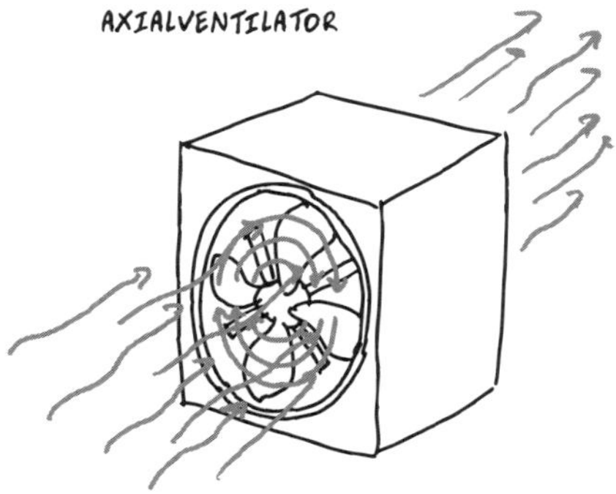

RADIALVENTILATOR

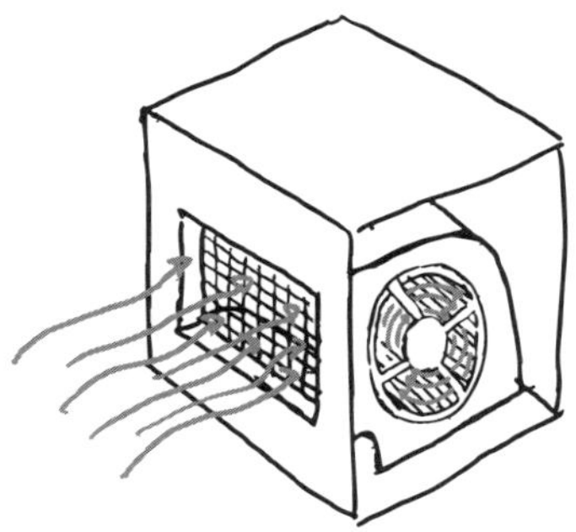

Filter und Schalldämpfer

Die Filter und Schalldämpfer finden wir in der Regel an den Enden einer Lüftungsanlage. Es handelt sich im Grunde um passive Bauteile, die zum einen die Anlage vor Verunreinigungen schützen und zum anderen die Umgebung vor den Geräuschen, die hauptsächlich die Ventilatoren erzeugen.

Schalldämpfer gibt es in Lüftungsrohren und Lüftungsanlagen. Hier interessiert uns der Einsatz in den Anlagen. Der Schalldämpfer ist das erste oder letzte Element einer Lüftungsanlage. Er sollte die Umwelt vom Lüfter trennen, um die Schallemission in Kanälen, Räumen oder der Umgebung der Gebäude zu reduzieren.

Filter schützen im Wesentlichen die Lüftungsanlagen vor Verschmutzungen. Es gibt auch zusätzliche Feinfilter, Raumluftfilter, Pollenfilter usw., aber diese sind hier nicht gemeint. Ihre Funktion, die Luft vor dem Eindringen in die Lüftungsanlage zu filtern, macht deren Einsatz zwingend ebenfalls vor den Ventilatoren sinnvoll.

Die technischen Filter gegen Keime, Pollen, CO_2 etc. werden vom Planer der Lüftungsanlage im System nach Bedarf eingeplant.

Eine sinnvolle Reihenfolge in der Lüftungsanlage ist somit:
Schalldämpfer – Filter – Ventilator – Konditionierung
oder
Filter – Schalldämpfer – Ventilator – Konditionierung

Da die Übertragung von Körperschall aus der Anlage auf das Luftkanalsystem vermieden werden sollte, ist eine weitere Maßnahme des Schallschutzes die Verwendung elastischer Flansche oder Anschlüsse.

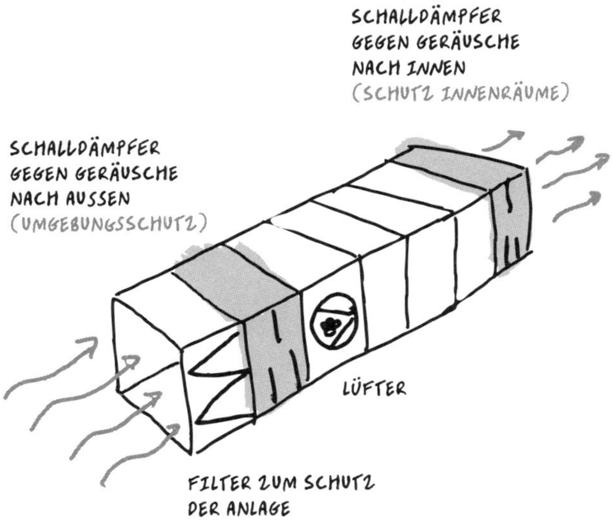

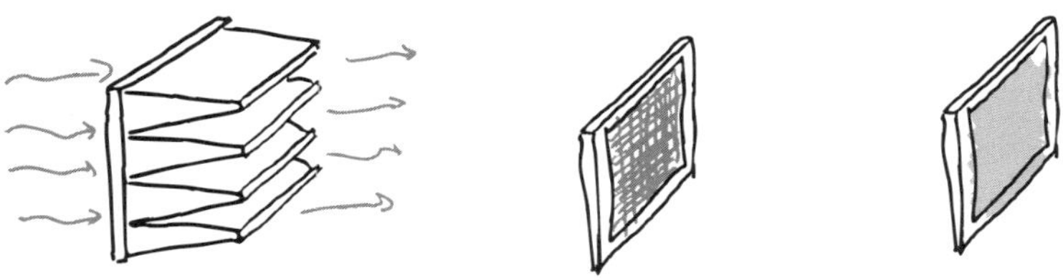

TASCHENFILTER
CHEMIEFASERVLIES
KUNSTFASERVLIES

PLISSEEFILTERPLATTE
GLASFASERPAPIER

MEMBRANFILTERPLATTE
PTFE-MEMBRAN

Kühl- und Heizregister

Um Luft abzukühlen, baut man in Lüftungsanlagen Kühlregister ein. Im Wesentlichen unterscheiden sich diese nicht von Autokühlern. Da der Prozess des Kühlens einen Abtransport von Wärme zu einem kühleren Medium bedeutet, benötigt der Kühler einen Ort, an dem die Wärme aufgenommen oder abgeführt werden kann. Kühler bestehen daher aus zwei Komponenten: dem Kühlregister in der Anlage, im Luftstrom, sowie einem Kühlturm / Kühlgerät oder Verdunster. Im Grunde handelt es sich um eine Klimaanlage in der Lüftungsanlage.

Das Heiz- und das Kühlregister sind technisch identisch. Es kommt, wenn der Gesamtaufbau der Anlage es zulässt, auch vor, dass Kühlen und Erhitzen je nach Bedarf im selben Modul stattfinden. Ein Heizregister kann jedoch auf ein zusätzliches Gerät verzichten, da die Wärme direkt mit Strom, wie in einem elektrischen Heizlüfter, erzeugt werden kann. Hat man jedoch ein Modul für beides, so kann man natürlich das Kühlgerät auch zur Wärmeerzeugung verwenden.

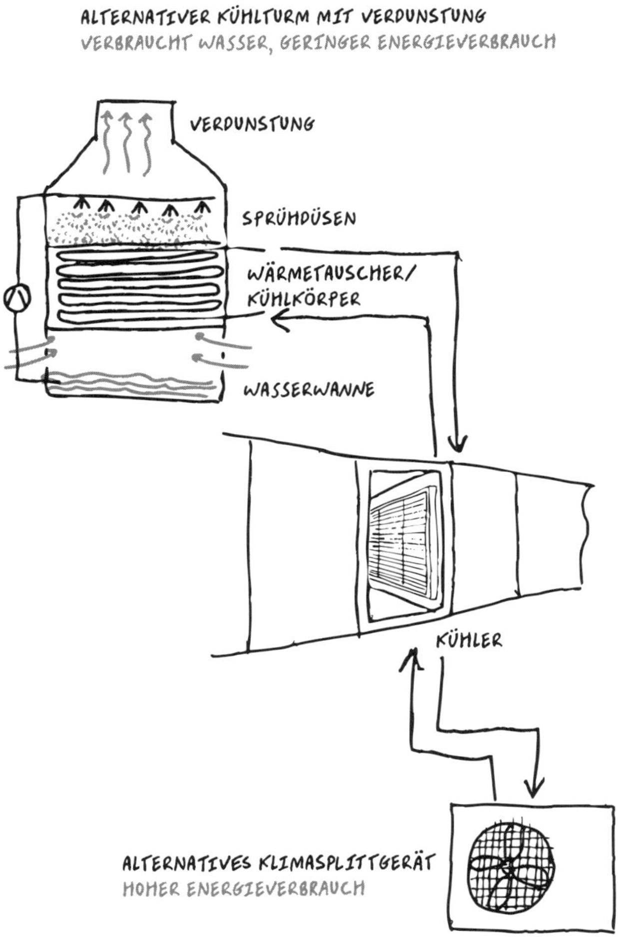
ALTERNATIVER KÜHLTURM MIT VERDUNSTUNG
VERBRAUCHT WASSER, GERINGER ENERGIEVERBRAUCH
VERDUNSTUNG
SPRÜHDÜSEN
WÄRMETAUSCHER/
KÜHLKÖRPER
WASSERWANNE
KÜHLER
ALTERNATIVES KLIMASPLITTGERÄT
HOHER ENERGIEVERBRAUCH

Wärmerückgewinnung

Lüftungsanlagen benötigen Strom. Je nach Konditionierung der Luft mehr oder weniger. Da ist es schön festzustellen, dass Lüftungsanlagen Energiesparer sein können. Das Geheimnis heißt Wärmetauscher. Mit dem Wärmetauscher ist es möglich, bis zu 95 % (ich benutze hier lieber eine konservative Zahl) der Wärme, die sich in der Abluft befindet, auf die Zuluft zu übertragen und damit zurückzugewinnen.

Wir unterscheiden im Wesentlichen zwei Arten von Wärmetauschern: den Kreuzwärmetauscher und den Rotationswärmetauscher.

— Der **Kreuzwärmetauscher** besteht aus Stahllamellen. Ab- und Zuluft strömen immer abwechselnd Schicht für Schicht zwischen ihnen hindurch. Die dünnen Lamellen bieten dabei bei hoher Wärmeleitfähigkeit große Übertragungsflächen für die Wärme an. Die Abluft erhitzt die Lamellen stetig, während die Zuluft diese Wärme wiederum aufnimmt.

— Den **Rotationswärmetauscher** kann man sich als großes Rad vorstellen, das sich die ganze Zeit in beiden Luftströmen dreht. Dabei transportiert dieses Rad die Wärme aus der Abluft in den Strom der Zuluft.

Es gibt noch zwei weitere Methoden, die Wärme aus der Abluft im Gebäude zu halten: die Umluft und die Übertragung der Wärme über Verbindung eines Kühl- und eines Heizregisters. Letzte Methode kann verwendet werden, wenn Zu- und Abluftanlage weit voneinander entfernt sind.

Bei einem Umluftsystem wird die warme, bereits verbrauchte Luft zu großen Teilen zurück in die Zuluft geleitet und durch Frischluft ergänzt oder verbessert. Die Umluft muss entsprechend gefiltert werden.

KREUZWÄRMETAUSCHER

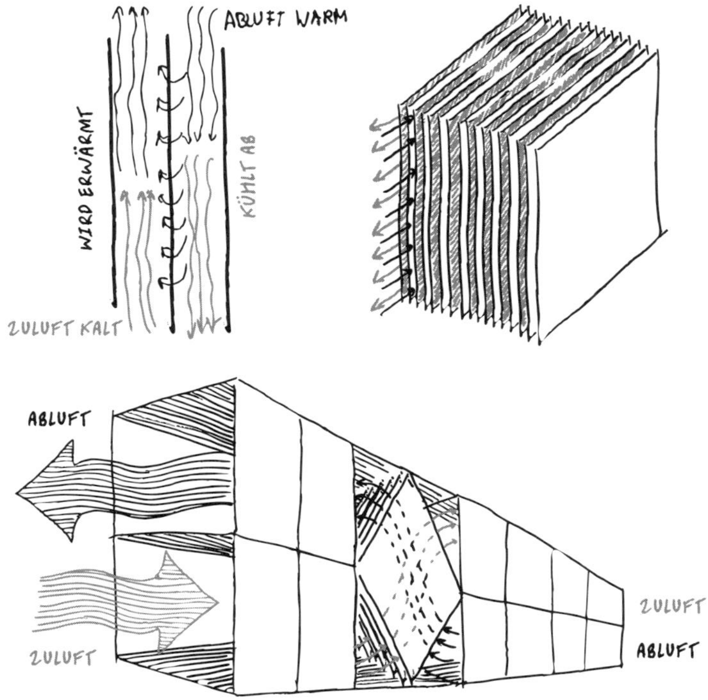

ROTATIONSWÄRMETAUSCHER

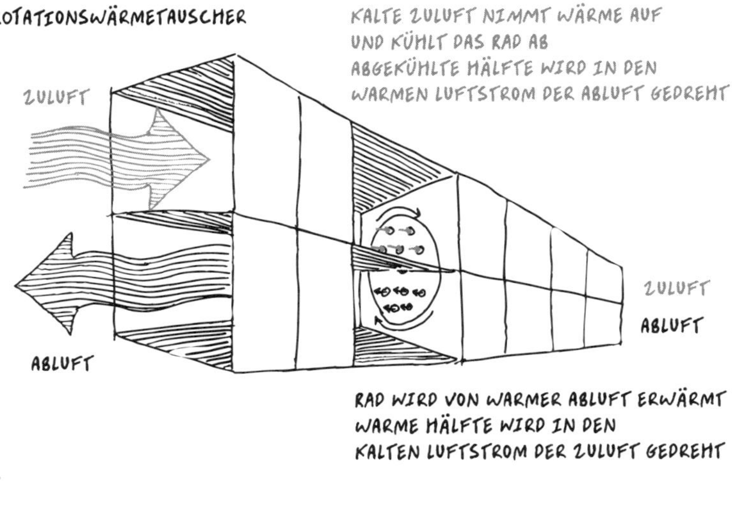

Wäscher oder Luftbefeuchter

Der Wäscher trägt einen irreführenden Namen. Hier wird die Luft nicht gewaschen. Im Wäscher wird die Luft durch versprühtes Wasser geleitet und nimmt dabei Feuchtigkeit auf. Der Wäscher ist also ein Luftbefeuchter.

Es werden drei verschiedene Bauarten unterschieden:

— Im **Trinkwasser-Umlaufsystem** wird Wasser mit geringem Druck in einer Kammer versprüht. Oder man lässt in einer zweiten Variante Wasser an einem Rieselkörper hinablaufen. In beiden Fällen werden geringe Mengen des zur Verfügung gestellten Wasser von der Luft aufgenommen. Der Rest läuft in ein Auffangbecken oder eine Wanne und wird erneut versprüht bzw. über den Rieselkörper laufen gelassen. Diese einfachen Wäscher erfüllen oft die VDI 6022 nicht und bieten ein erhöhtes Risiko zu verkeimen.

— Verringert wird dieses Problem mit **Frischwassersystemen,** die mit aufbereitetem Wasser funktionieren. Das durch Umkehrosmose aufbereitete Wasser (Permeat) wird nur ein Mal benutzt, was die Gefahr der Keimentwicklung reduziert. Diese Systeme können das Permeat auf verschiedene Weise in den Luftstrom einbringen. Ultraschallgeber sind in der Lage, das Permeat sehr fein zu zerstäuben. Es können Aerosole in den Luftstrom verdunstet oder Nachverdunstungen mit Zerstäubern kombiniert werden.

— Die **Druckwassersysteme** verwenden ebenfalls aufbereitetes Wasser. Im Befeuchter wird eine Drallströmung erzeugt und das aufbereitete Wasser mit Drucken zwischen 16 und 75 bar versprüht. Dieses System ist sehr effizient und erreicht hohe Befeuchtungsraten.

Letztlich geht es darum, der Luft Feuchtigkeit zuzuführen, um die relative Luftfeuchte und damit den Nutzerkomfort zu verbessern. Luft nimmt Wassermoleküle auf, wenn sie entlang feuchter Oberflächen oder durch Nebel, Sprühnebel oder Wasserdampf geleitet wird.

UMLAUFSPRÜHBEFEUCHTER

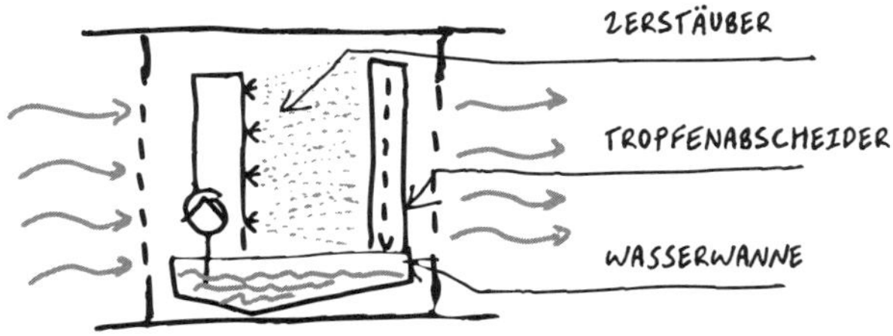

VERDUNSTUNGSBEFEUCHTER

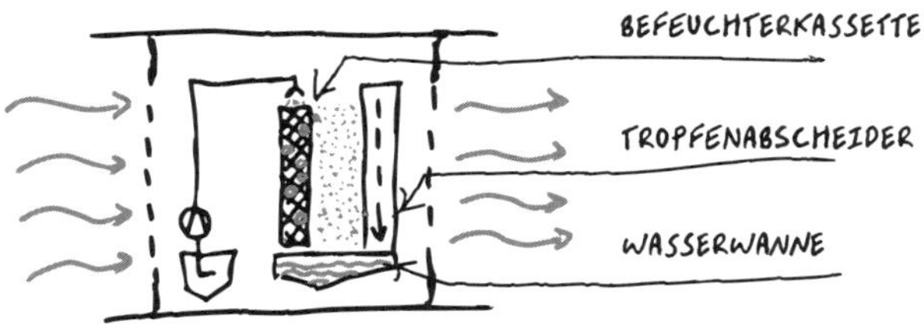

HYBRIDBEFEUCHTER

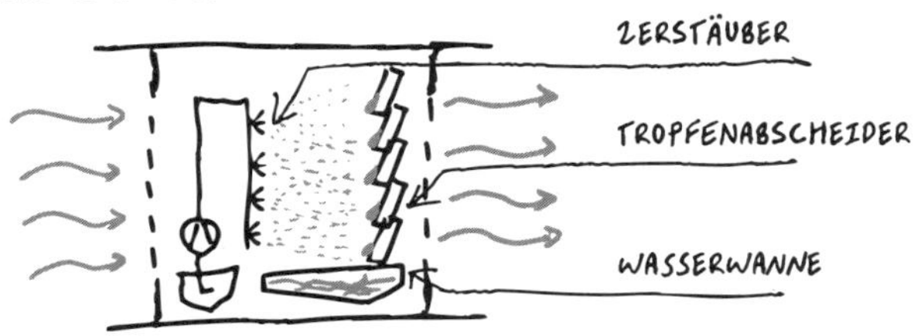

DAMPFBEFEUCHTER

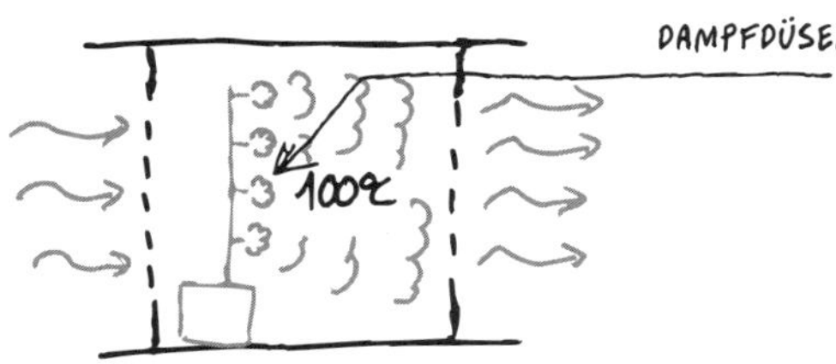

Platzbedarf

Die gewünschte Konditionierung führt zu Behandlungsschritten der Luft. Diese werden durch das hx-Diagramm ermittelt. Das Ergebnis gibt vor, welche technischen Elemente in welcher Reihenfolge die Lüftungsanlage benötigt. Daraus ergibt sich unmittelbar das Anlagenkonzept.

Der Volumenstrom bestimmt die Dimensionierung der Anlage. Hinzu kommen notwendige Arbeitsflächen und Mindestabstände rund um die Lüftungsanlage. Anlage und Arbeitsflächen bilden zusammen den Platzbedarf. Da Lüftungsanlagen zumindest in Breite und Höhe immer gleichzeitig wachsen, ergibt sich aus ihnen nicht nur ein steigender Flächenbedarf, sondern auch eine Abhängigkeit der Mindestraumhöhe.

Auch zu beachten bei der Planung des Platzbedarfs sind die Zugänglichkeit der Anlage und die Größe der Einbringöffnungen. Denn der Lüfter gibt die Mindestmaße zwingend vor und muss durch jede Öffnung passen.

Sind Raumhöhen oder Öffnungsmaße nicht realisierbar, lässt sich die Anlage in zwei kleinere aufsplitten. Damit steigt der Flächenbedarf, was aber insbesondere bei Installationen im Keller die bessere Wahl sein kann. Da wir in frühen Phasen nicht ständig die Anlagentechnik durchplanen, ist es sinnvoll, mit groben Richtwerten zur Vordimensionierung zu arbeiten.

Volumenstrom	**Flächenbedarf** inkl. Heizen	**Flächenbedarf** Heizen und Kühlen	**Flächenbedarf** Heizen, Kühlen, Befeuchten	**Raumhöhe**
10 000 m^3/h	30 m^2	50–60 m^2	65–75 m^2	2,5 m
20 000 m^3/h	35–40 m^2	65–80 m^2	85–100 m^2	3,5 m
50 000 m^3/h	50–60 m^2	90–110 m^2	120–140 m^2	4,0 m
75 000 m^3/h	65–80 m^2	120–150 m^2	150–180 m^2	4,5 m
100 000 m^3/h	80–100 m^2	150–180 m^2	190–220 m^2	5,0 m
150 000 m^3/h	110–140 m^2	210–250 m^2	260–300 m^2	6,0 m

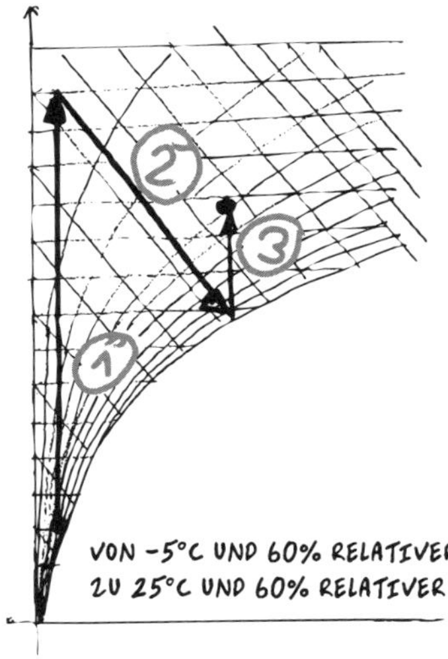

LÜFTER
FILTER
(1) HEIZUNG
(2) BEFEUCHTEN
(3) HEIZEN
SCHALLDÄMPFER

ANNAHME 10 000 m^3/h

$1h = 3\,600s \Rightarrow 10\,000\ m^3 / 3\,600s = 2{,}8\ m^3/s$

MAX. LUFTGESCHWINDIGKEIT 5m/s

$$\Rightarrow \frac{2{,}8\ \cancel{m^3}^{\,2} \cdot \cancel{s}}{5\ \cancel{m} \cdot \cancel{s}} = 0{,}56\ m^2$$

$$\sqrt{0{,}56} = 0{,}74m \text{ (KANTENLÄNGE)}$$

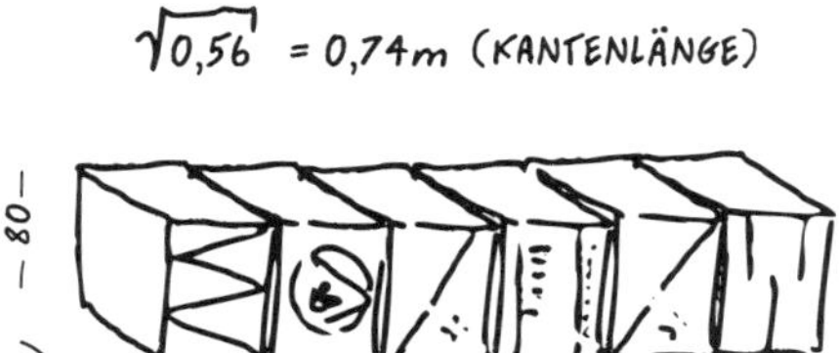

FAZIT:
DIE LÜFTUNGSANLAGE BESTEHT AUS MINDESTENS 5 ELEMENTEN, DIE MINDESTENS 80 CM HOCH UND 80 CM TIEF SIND.
HINZU KOMMT DER BEWEGUNGSRAUM.

Ein- und Auslässe

Luft, die von einer Lüftungsanlage über Lüftungskanäle zu ihrem Bestimmungsort transportiert wird, benötigt am Ende einen Auslass, um an die Umgebung abgegeben zu werden. Umgekehrt wird, um verbrauchte Luft aus den Räumen wieder abzusaugen, ein Lufteinlass gebraucht. Selbst wenn wir sämtliche Anlagentechnik und Kanäle verstecken können, sind diese Bauteile sichtbar. Daher lohnt sich ein Blick hinter die verschiedenen Ausführungen und deren Eigenschaften. Denn leider müssen insbesondere Luftauslässe nicht nur nach ihrem Design, sondern vor allem nach ihren Eigenschaften gewählt werden. Es gilt, die Luft an die richtigen Stellen im Raum zu leiten und dabei die Luftgeschwindigkeiten zu kontrollieren, damit es zum Beispiel keine Zugerscheinungen gibt.

- **Drallauslässe** lassen Zuluft drallförmig in den Raum strömen. Sie eignen sich für hohe Volumenströme.
- Das einfache **Lüftungsgitter.** Es eignet sich für geringe Luftströme von weniger als 1,5 m/s und kann in Wand, Boden und Decke eingesetzt werden.
- **Düsen** eignen sich, um Luft weit in die Tiefe eines Raums zu befördern oder um Richtungen zu steuern. Ihre Erscheinung ist eher auffällig. Sie eignen sich für hohe Volumenströme.
- Die Steigerung der Düse ist die **Weitwurfdüse.** Diese erhöht zusätzlich die Reichweite hinsichtlich der Raumtiefen, in die Luft verteilt bzw. „geworfen" werden kann.
- **Düsen als Luftkanalauslässe** werden gern im Wohnungsbau eingesetzt. Diese Düsen sind in der Richtung verstellbar und können somit an jedem Ort eingesetzt werden.
- Das **Tellerventil** findet sich häufig in Nassräumen von Wohnungen. Der Teller verteilt die Luft und durch Herein- oder Herausschrauben des Tellers kann der Volumenstrom reguliert werden. Tellerventile sind kostengünstig und leicht einzubauen.
- Der **Schlitzauslass** ermöglicht eine effektive Luftverteilung, da die Luft entlang einer größeren Strecke gleichmäßig verteilt wird. Diese Auslässe werden auch häufig für Quelllüftungen eingesetzt, da sie nur geringe Volumenströme benötigen, um die Luft gut zu verteilen.

LUFTDURCHLASS

DRALLDURCHLASS

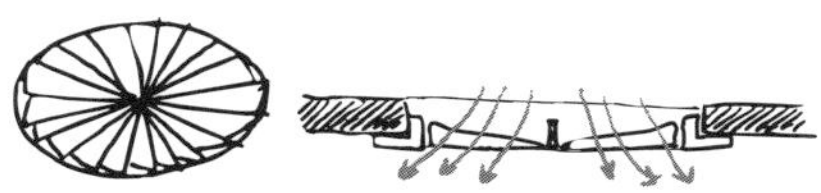

LÜFTUNGSGITTER

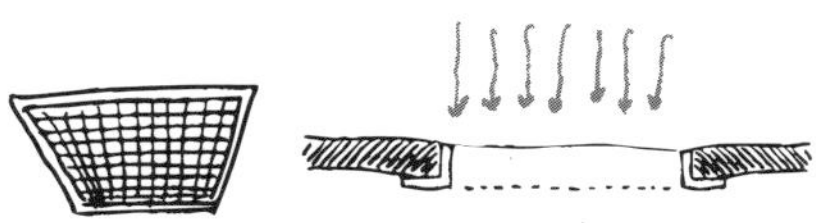

TELLERVENTIL

WEITWURFDÜSE

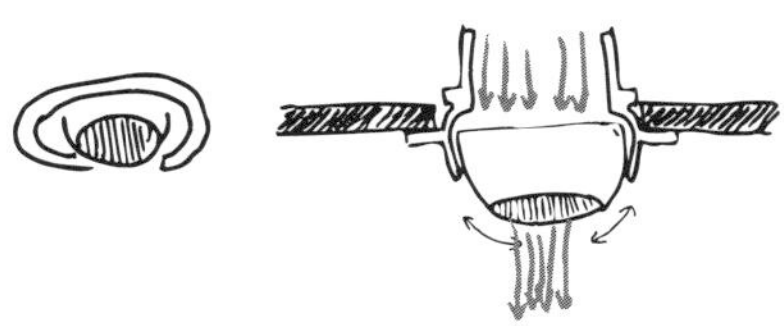

SCHLITZAUSLASS

Anlagenkonzepte

Wie und wo Lüftungsanlagen im oder am Gebäude angebracht werden, hängt von Konzept und Gebäudeform ab. Kriterien wie Zugänglichkeit, Kanallängen und Kanalführung sind ausschlaggebend.

Platzieren wir eine Lüftungsanlage zentral im Gebäude, so können wir die Kanäle in mehrere Stränge aufteilen und erhalten somit kleinere Dimensionen. Es kommen dann allerdings zusätzliche Kanäle für Frischluftzufuhr und Abluft hinzu. Außerdem sind Anlagen im Kern eines Gebäudes schwerer zu installieren und auszutauschen.

Steht die Lüftungsanlage auf dem Dach, ist sie gut zugänglich und beansprucht keinen Platz im Gebäude. Die Kanallängen können aber insbesondere bei hohen Häusern lang werden. Zu- und Abluft bereiten auf dem Dach ebenfalls keine Probleme.

Steht die Anlage im Keller, sind die Zugänglichkeiten gut zu planen. Außerdem muss die Fragestellung gelöst werden, wie die Frischluft angesaugt und die Abluft herausgeblasen werden kann. Dafür ist die Anlage selbst dann aber nicht sichtbar. Der Mehraufwand für die Herrichtung von Zu- und Abluft ist nicht zu unterschätzen.

Splittet man die Anlage in eine Zu- und eine Abluftanlage, kann man Kanalgrößen sparen und die Zu- und Abluft oft gut positionieren. Allerdings wird die Wärmerückgewinnung dadurch häufig schwieriger, da Zu- und Abluft räumlich voneinander getrennt werden.

Das Konzept für Aufstellung der Anlage und Kanalführung kann komplex werden. Aber gerade deshalb und wegen des hohen Platzbedarfs von Lüftungstechnik muss das Konzept schon sehr früh in der Entwurfsplanung erstellt werden.

ANLAGE SOWIE ZU- UND ABLUFT IM KG

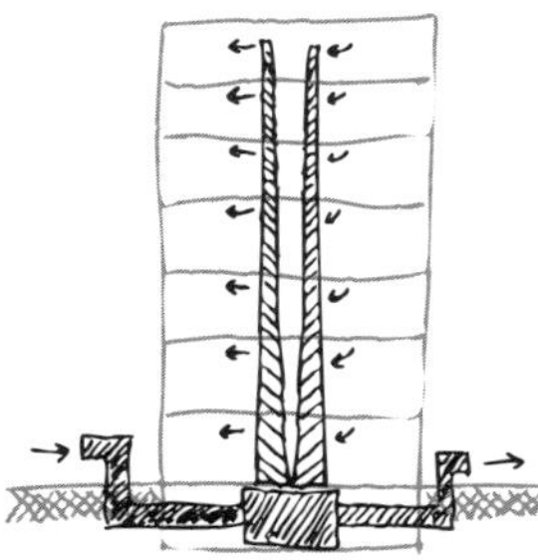

ANLAGE IM KG, ZU- UND ABLUFT ÜBER DACH

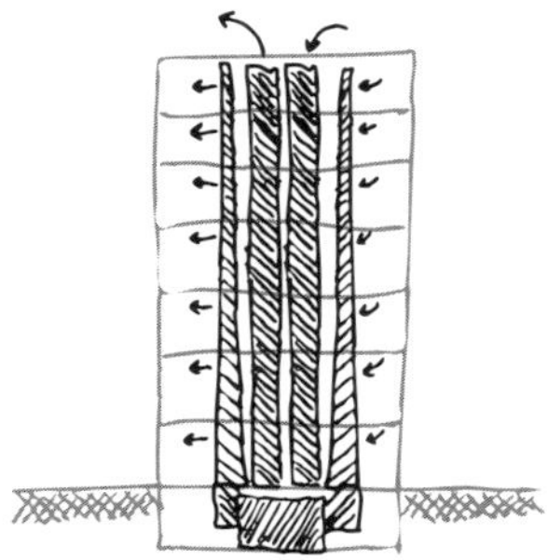

ANLAGE SOWIE ZU- UND ABLUFT AUF DEM DACH

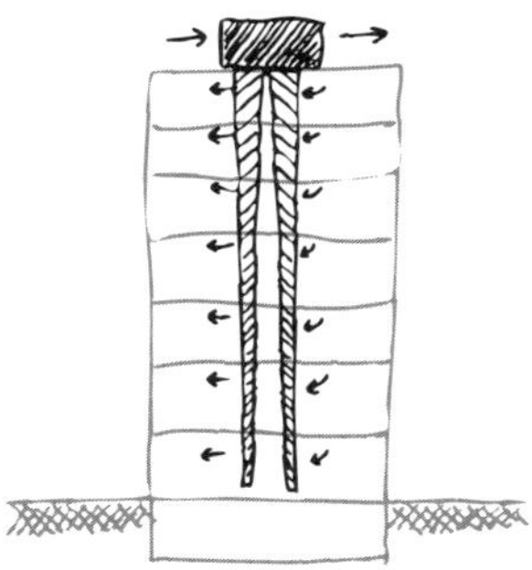

ANLAGE SOWIE ZU- UND ABLUFT IM ZWISCHENGESCHOSS

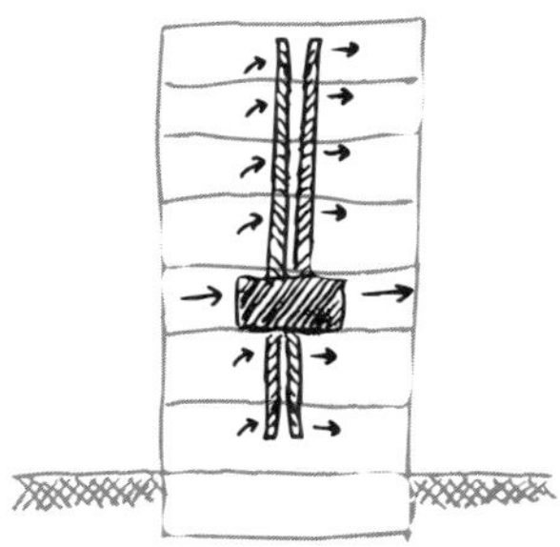

ANLAGE GETEILT, ZULUFT IM KG, ABLUFT AUF DEM DACH

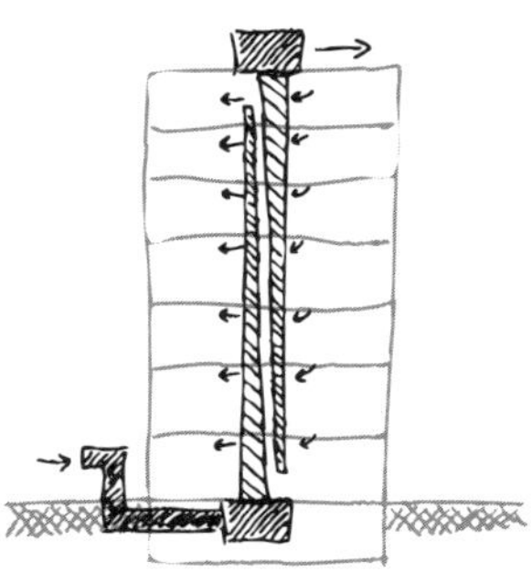

ANLAGE GETEILT, ZULUFT IM KG, ABLUFT ÜBER DOPPELFASSADE

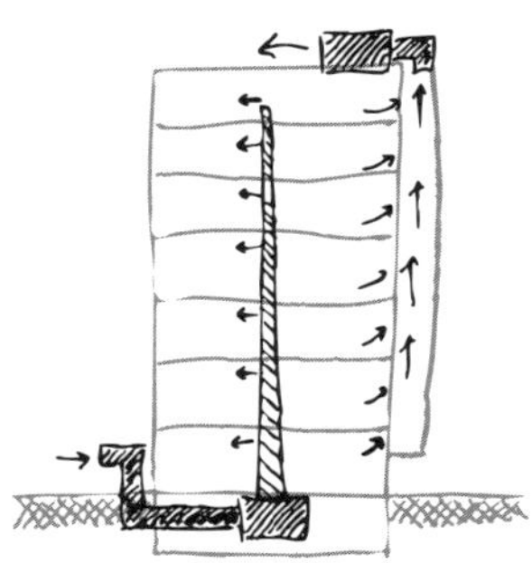

Kühllast

Wenn der Planer es nicht geschafft hat, durch passive bauliche Maßnahmen die sommerliche Überhitzung des Gebäudes zu verhindern oder wenn die inneren Lasten zu hoch sind, dann entstehen Kühllasten. Insbesondere in Bürogebäuden gibt die IT so viel Wärme ab, dass regelmäßig Kühllasten entstehen, die technisch abgeführt werden müssen. In diesem Fall kann man entweder mit sogenannten Fan Coils (Klimaanlagen) arbeiten oder die Wärme mit der Lüftungsanlage abführen. Die Volumenströme steigen jedoch sehr schnell an, wenn man es mit derartigen Kühllasten zu tun hat. Das wiederum kann zu überdimensionierten Anlagen und sehr großen Lüftungskanälen führen.

In einem üblichen Büroraum summieren sich verschiedene Kühllasten. Jede Person im Raum erzeugt zunächst 10 W/m^2 an Wärmeleistung. Hinzu kommt die übliche EDV, die ebenfalls noch mal 5–10 W/m^2 Wärmeleistung liefert. Weiterhin fallen 5–10 W/m^2 Wärmeleistung durch Beleuchtung an. Kommt nun noch Sonneneinstrahlung hinzu, weil der Planer leider den konstruktiven Sonnenschutz vernachlässigt hat, steigt die Wärmeleistung und damit die Erwärmung der Arbeitsräume auf ein unerträgliches und auch unzulässiges Maß an. Wärmeleistungen, die wir im Winter durchaus brauchen können, werden im Sommer zur Kühllast. Wenn nun im Hochsommer die Außenluft ebenfalls die üblichen Innenraumtemperaturen erheblich überschreitet, lässt sich diese nicht mehr weglüften.

Da wir Gebäude mittels Kühlflächen und des Mediums Wasser ebenfalls kühlen können, gilt es, abzuwägen, ob man lieber mit Luft oder Wasser kühlen möchte. Beides hat seine Vor- und Nachteile. Eine Kühlung mit Wasser benötigt ein entsprechendes Leistungsnetz. Der Platzbedarf, um dieselbe Wärmemenge abzutransportieren, ist dafür bei Luft um das 100-Fache höher.

Daher kann man sich als kleine Faustformel merken: Führt die Kühllast zu mehr als einer Verdopplung der Außenluftrate, ist der Einsatz von wassergeführten Kühlflächen, Induktionsgeräten oder sogar Fan Coils in der Regel sinnvoller.

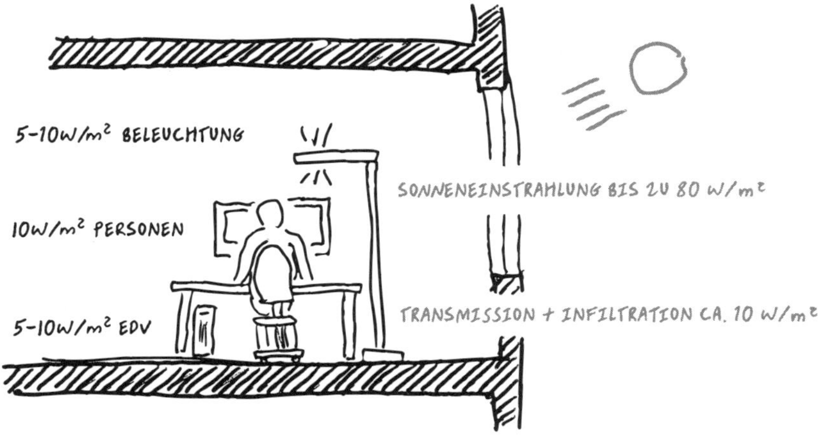

CA. 40 W/m² KÜHLLAST ENTSTEHEN
OHNE DIE ZUSÄTZLICHE SONNENEINSTRAHLUNG
DURCHSCHNITTLICH IN EINEM BÜROGEBÄUDE

07 Anhang

Formelzeichen und Einheiten

A	Flächen [m^2]
$c_{p,l}$	Wärmekapazität von Luft [Wh/kg K]
C_{wirk}	Wirksame Wärmespeicherfähigkeit [J/K]
E_V	Beleuchtungsstärke [lux]
F	Absolute Luftfeuchte oder Wassergehalt [g/Kg]
M	Masse [kg]
n_{50}	Luftwechselrate [n/h]
p	Druck [P]
P	Leistung [W] Nennleistung [kWp] Kilowatt-Peak
T	Temperatur [°C]
ΔT	Temperaturdifferenz [K]
V	Luftvolumenstrom [m^3/h] oder Volumen [m^3] oder Volumenstrom [m^3/h] oder Geschwindigkeit [m/s, km/h]
ρ	Dichte [kg/m^3]
ρ_L	Dichte von Luft [kg/m^3]
Φ_i	spezifische innere Wärmeleistung [W/m^2]

Flächen in der Architektur

NF	Nutzfläche [DIN 277]
HNF	Hauptnutzfläche [DIN 277]
TF	Technikfläche [DIN 277]
VF	Verkehrsfläche [DIN 277]
KF	Konstruktionsfläche [DIN 277]
GF	Geschossfläche [DIN 277]
BGF	Bruttogrundfläche [DIN 277]
BRI	Bruttorauminhalt [DIN 277]
NRI	Nettorauminhalt [DIN 277]
WF	Wohnfläche [Wohnflächenverordnung]
GRZ	Grundflächenzahl [Baunutzungsverordnung]
GFZ	Geschossflächenzahl [Baunutzungsverordnung]

Griechische Buchstaben

Α, α	Alpha
Β, β	Beta
Γ, γ	Gamma
Δ, δ	Delta
Ε, ε	Epsilon
Ζ, ζ	Zeta
Η, η	Eta
Θ, θ	Theta
Ι, ι	Iota
Κ, κ	Kappa
Λ, λ	Lambda
Μ, μ	My
Ν, ν	Ny
Ξ, ξ	Xi
Ο, ο	Omikron
Υ, υ	Ypsilon
Φ, φ	Phi
Χ, χ	Chi
Ψ, ψ	Psi
Ω, ω	Omega

Thermodynamik light

Auf der einen Seite erscheint der Begriff Thermodynamik unglaublich wissenschaftlich und ewig weit weg von den doch eher einfachen Disziplinen des Bauens. Auf der anderen sind gerade die vier Hauptsätze der Thermodynamik jedem bereits mehrfach im Leben begegnet und auf die eine oder andere Weise bekannt. Uns helfen diese vier Grundregeln für das Verständnis der Bauphysik und der Gebäudetechnik. Hat man diese verinnerlicht, erklären sich alle Prinzipien des Energietransports in unseren Gebäuden und unserer Gebäudetechnik ganz von allein.

Ich möchte hier versuchen, auf das Thema Gebäudetechnik bezogen die vier Hauptsätze der Thermodynamik noch einmal in Erinnerung zu rufen:

— **0. Hauptsatz der Thermodynamik – „Thermisches Gleichgewicht"**
Wenn zwei Systeme in einem Wärmeaustausch stehen, so streben diese immer einen thermischen Gleichgewichtszustand an. Wird ein System mit einem weiteren gekoppelt, stehen automatisch alle drei miteinander im Gleichgewicht.

— **1. Hauptsatz der Thermodynamik – „Energieerhaltungssatz"**
Energie kann in einem geschlossenen System nicht erzeugt oder vernichtet werden. Sie wird lediglich in andere Energieformen umgewandelt.

— **2. Hauptsatz der Thermodynamik – „Entropiesatz"**
Energieübertragungen in einem natürlichen System laufen immer nur in einer Richtung ab. Sie bewegen sich immer vom Ort des hohen Potenzials zum Ort des niedrigen Potenzials oder eben von Warm nach Kalt.

— **3. Hauptsatz der Thermodynamik – „Nernstsches Theorem"**
(Dieser hilft uns ausnahmsweise nicht weiter, sollte aber der Vollständigkeit halber genannt werden.)
Kein Stoff kann auf den absoluten Nullpunkt abgekült werden. Zur Erinnerung: 0 Kelvin = –73,15 Grad Celsius.

0. HAUPTSATZ DER THERMODYNAMIK
„THERMISCHES GLEICHGEWICHT" AM BEISPIEL VON
WÄRMETAUSCHERN IN HEIZUNGSSYSTEMEN

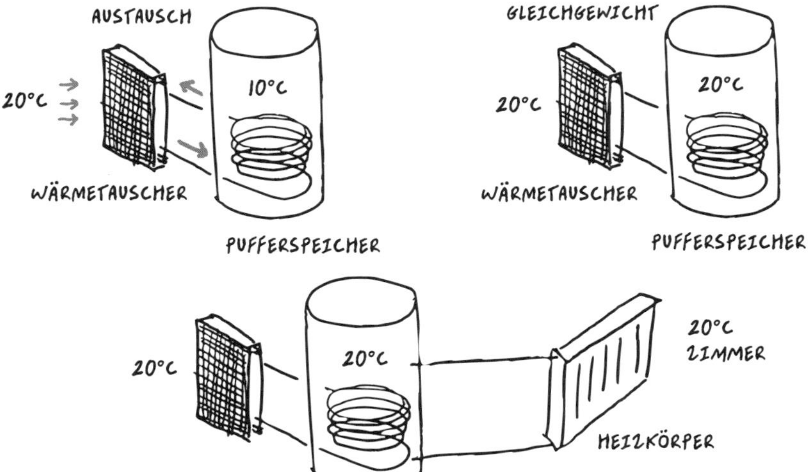

1. HAUPTSATZ DER THERMODYNAMIK
„ENERGIEERHALTUNGSSATZ" AM BEISPIEL DER WÄRMEPUMPE

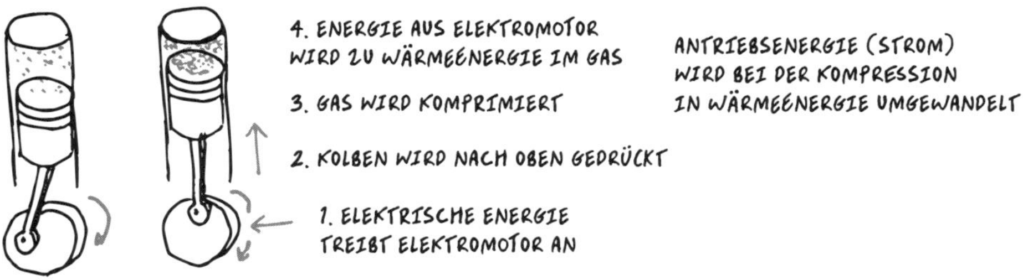

2. HAUPTSATZ DER THERMODYNAMIK
„ENTROPIESATZ" AM BEISPIEL VON WÄRMETAUSCHERN, Z.B. IN WÄRMEPUMPEN

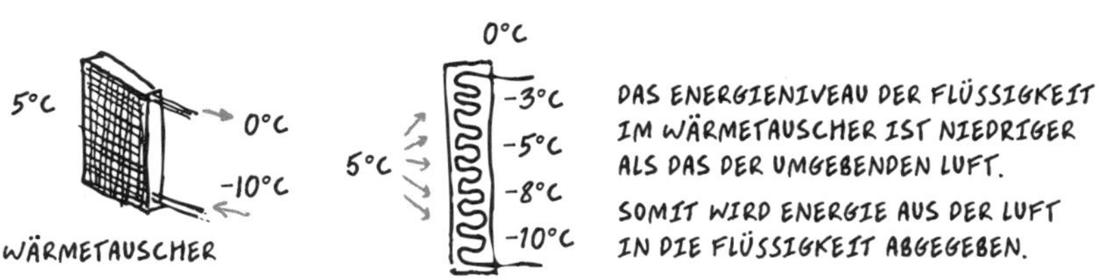

Volumenberechnung

WÜRFEL

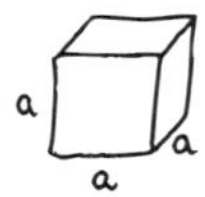

$$V = a^3$$

QUADER

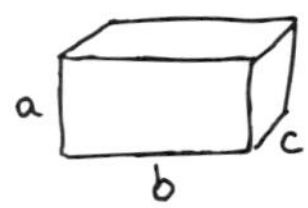

$$V = a \cdot b \cdot c$$

RHOMBOEDER

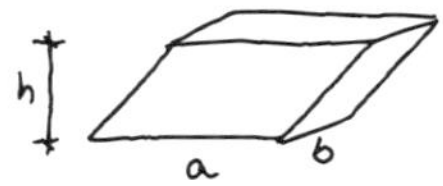

$$V = h \cdot a \cdot b$$

PYRAMIDE

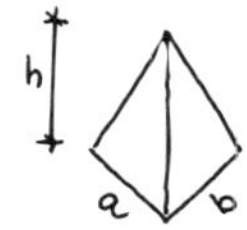

$$V = \frac{a \cdot b \cdot h}{3}$$

PYRAMIDENSTUMPF

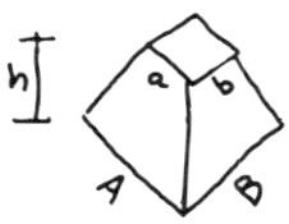

$$V = \frac{(Ab + aB + 2(ab + AB)) \cdot h}{6}$$

KEGEL

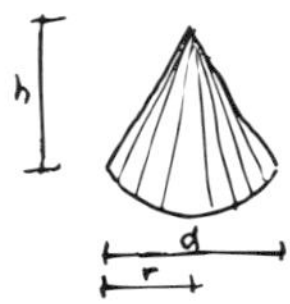

$$V = \frac{\pi \cdot r^2 \cdot h}{3}$$

KEGELSTUMPF

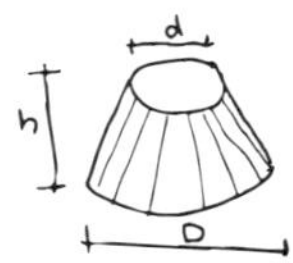

$$V = \frac{\pi \cdot h\,(D^2 + Dd + d^2)}{12}$$

KUGEL

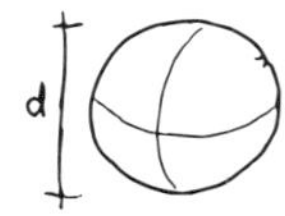

$$V = \frac{\pi \cdot d^3}{6}$$

KUPPEL
(KUGELSEGMENT)

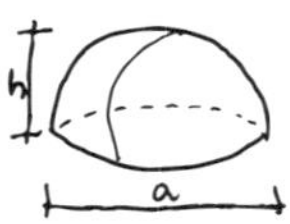

$$V = \frac{\pi \cdot h\,(\frac{3}{4}a^2 + h^2)}{6}$$

ZYLINDER

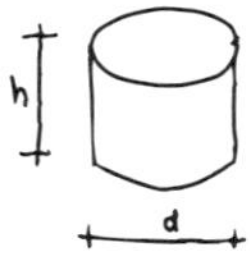

$$V = \frac{\pi\, d^2 \cdot h}{4}$$

HOHLZYLINDER

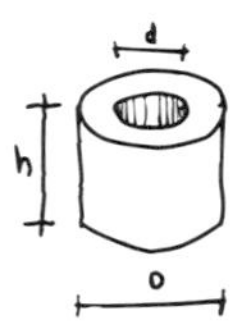

$$V = \frac{\pi \cdot (D^2 - d^2) \cdot h}{4}$$

GESCHNITTENER
ZYLINDER

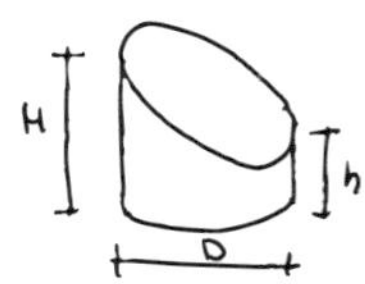

$$V = \frac{\pi \cdot d^2 \cdot (\frac{H+h}{2})}{4}$$

SATTELDACH

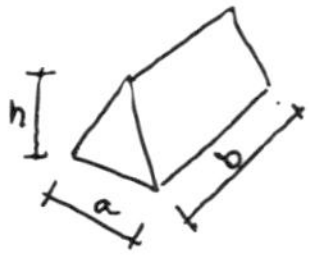

$$V = \frac{a \cdot h \cdot b}{2}$$

WALMDACH

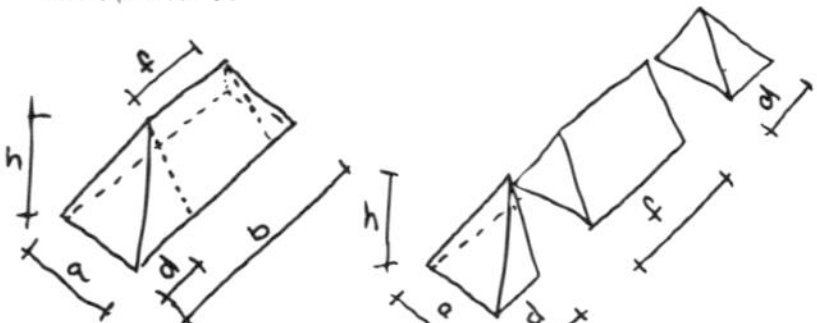

$$V = \frac{a \cdot f \cdot h}{2} + \frac{2a \cdot d \cdot h}{3}$$

Normen

DIN EN 12056-1
Schwerkraftentwässerungsanlagen innerhalb von Gebäuden
Teil 1: Allgemeine und Ausführungsanforderungen; Deutsche Fassung EN 12056-1:2000
Januar 2001

DIN 1986-100
Entwässerungsanlagen für Gebäude und Grundstücke
Teil 100: Bestimmungen in Verbindung mit DIN EN 752 und DIN EN 12056
Dezember 2016

DIN EN 752
Entwässerungssysteme außerhalb von Gebäuden – Kanalmanagement
Deutsche Fassung EN 752:2017
Juli 2017

DIN EN 1610
Einbau und Prüfung von Abwasserleitungen und -kanälen
Deutsche Fassung EN 1610:2015
Dezember 2015

DIN EN 16798
Energetische Bewertung von Gebäuden – Lüftung von Gebäuden
Teil 1: Eingangsparameter für das Innenraumklima zur Auslegung und Bewertung der Energieeffizienz von Gebäuden bezüglich Raumluftqualität, Temperatur, Licht und Akustik – Modul M1-6;
Deutsche Fassung EN 16798-1:2019
März 2019

ATV DVWK-A 127
Statische Berechnung von Abwasserkanälen und -leitungen
August 2000

ATV DWA-A 139
Einbau und Prüfung von Abwasserleitungen und -kanälen
Januar 2021

ATV DWA-A 142
Abwasserleitungen und -kanäle in Wassergewinnungsgebieten
Januar 2016

DIN VDE 0100 Normenreihe
Errichtung von Niederspannungsanlagen
Teil 100 bis 801

VDI 2050
Anforderungen an Technikzentralen
Blatt 2 – Sanitärtechnik
August 2001
Blatt 3 – Wärme- und Heiztechnik
November 2018
Blatt 4 – Raumlufttechnik
August 2019
Blatt 5 – Elektrotechnik
November 2018

VDI 6022
Raumlufttechnik, Raumluftqualität
Januar 2018, Berichtigung April 2023

ASR A3.4
Technische Regeln für Arbeitsstätten – Beleuchtung und Sichtverbindung

Index

A

Abwasserrohrentlüfter 52
Anstellwinkel 76

B

Bauordnung 108
Brennstoffzelle 98

D

Darrieus 86
Doppelboden 50
Druckminderer 28
Druckzone 28
Dunkelflaute 94

E

Elektrolyse 98
Entwässerungseben 20
Erde 72
Erschließung 10
EWICON 90

F

Fangstange 72
Fitting 16
FI-Schutzschalter 66

G

Gefälle 12, 18, 22, 24, 32
Gezeitenkraftwerk 92

H

Hausanschluss 12, 14
Hohlraumboden 50

K

Kabine 118, 120, 122, 124
Kanal 10,12, 16, 20
Kreuzwärmetauscher 140

L

Ladezyklus 94
Lageenergie 96
Lebenszyklus 94
Legionellen 28
Luftvolumenstrom 130, 150

M

Maschinenraum 120, 122
Monokristallin 78
Mulde 40

N

Nenndurchmesser 16, 18
Neutralweiß 110
Nutzungsgrad 78, 80, 82

P

Polykristallin 78
Pumpspeicher 96

R

Relative Luftfeuchte 132
Rigole 40
Rotationswärmetauscher 140

S

Sammelbehälter 32, 34
Savonius 86
Schalter 70
Schutzklasse 66
Solarwafer 78
Solarzelle 78
Sickerschacht 40
Steckdose 70

T

Tageslichtweiß 110
Turbine 86, 92, 96

U

Überdeckung 102
Überfahrt 120
Übergabeschacht 12
Unterdeckung 102
Unterputzbauteil 56
Unterfahrt 120, 126

V

Versickern 36, 40
Versorgungskern 50
Verzug 48, 50

W

Wärmetauscher 58, 60, 62, 140
Warmweiß 110
Wellenlänge 106
Windstange 90

Z

Zisterne 42

Dirk Krutke ist bauender und lehrender Architekt, Sachverständiger und DGNB Consultant. Er hat an verschiedenen Hochschulen und Universitäten gelehrt und vertritt derzeit die Professur „Gebäudetechnik" an der HafenCity Universität Hamburg. Seine Arbeit im eigenen Architekturbüro und seine Erfahrungen aus über fünf Jahren Lehre mit Studierenden der Architektur, des Bauingenieurwesens und der Stadtplanung haben ihn davon überzeugt, dass eine nachhaltige Wende im Bauwesen nur mit integrativeren Entwurfsprozessen erreicht werden kann.

Impressum

Autor: Dirk Krutke
Lektorat/Korrektorat: Mario Ableitner
Layout: Martina Römer, Berlin
Papier: 140 Gr Tauro Offset, FSC
Druck: GPS

Verlag und Vertrieb:

av edition GmbH
Senefelderstraße 109
70176 Stuttgart
www.avedition.de

ISBN 978-3-89986-401-4

Bibliografische Informationen der Deutschen Nationalbibliothek

Die Deutsche Nationalbibliothek verzeichnet diese Publikation in der Deutschen Nationalbibliografie; detaillierte bibliografische Daten sind im Internet über http://dnb.de abrufbar.

FSC www.fsc.org MIX Papier | Fördert gute Waldnutzung FSC® C118234

In dieser Reihe bereits erschienen:

ISBN: 978-3-89986-383-3
Deutsch
2022
160 Seiten
Broschiert
70 Skizzen
14,8 × 21 cm

Architekt:innen sind bis heute das Bindeglied aller Planenden und diejenigen, die am besten Planungsprozesse moderieren und integrieren können. Da Nachhaltigkeit und Klimawandel immer mehr an Bedeutung gewinnen, verändern sich auch die Rahmenbedingungen von Architektur und Bauwesen zunehmend. Um all diesen Veränderungen gerecht werden zu können, benötigen Architekt:innen ein Grundverständnis von allen Disziplinen der Planung.

Diese Buchreihe will genau diese Grundlagen einfach erklären und den Entwerfenden die Hilfsmittel an die Hand geben, die sie benötigen, um die Komplexität heutiger Planungsprozesse und -entscheidungen frühzeitig zu erfassen und lösen zu können. Technik, Normen und Regelsysteme werden in ihr klar fokussiert und anwendungsfreundlich vermittelt, um besonders Studierenden leichte Zugänge zu den sehr komplexen energetischen Aspekten des Bauens zu eröffnen.